はじめに

プレゼンテーションは、ビジネスや研究活動など、様々な場面で必要不可欠なものとなっています。特にビジネスにおいては、プレゼンテーションの印象が商談の成否を左右することも少なくありません。

また、今までは対面でのプレゼンテーションが一般的でしたが、近ごろではテレワークへの移行が急加速し、オンラインでのプレゼンテーションに切り替わりつつあります。

本書は、はじめてプレゼンテーションを実施する方や、もっと効果的なプレゼンテーションを実施したいという方が、対面やオンラインでのプレゼンテーションの企画から実施、さらには実施後のフォローまでの一連の流れの中で、必要な知識やスキルを習得いただける内容となっています。

多くの皆様に本書をご活用いただき、プレゼンテーションの成功にお役立ていただければ幸いです。

なお、プレゼンテーションソフト**「PowerPoint」**の基本操作の習得には、次のテキストをご活用ください。

● **「よくわかる Microsoft PowerPoint 2019基礎」**（FPT1817）
● **「よくわかる Microsoft PowerPoint 2016基礎」**（FPT1534）

2021年9月30日
FOM出版

◆Microsoft、Windows、PowerPointは、米国Microsoft Corporationの米国およびその他の国における
　登録商標または商標です。
◆その他、記載されている会社名および製品名は、各社の登録商標または商標です。
◆本文中では、TMや®は省略しています。
◆Microsoft Corporationのガイドラインに従って画面写真を使用しています。
◆本文で題材として使用している個人名、団体名、商品名、ロゴ、連絡先、メールアドレス、場所、出来事などは、すべて架空のものです。実在するものとは一切関係ありません。
◆本書に掲載されているホームページは、2021年8月現在のもので、予告なく変更される可能性があります。

Contents 目次

Introduction 本書をご利用いただく前に

本書で学習を進める前に、ご一読ください。

1 効果的な学習の進め方について

本書をご利用いただく際には、次のような流れで学習を進めると、効果的な構成になっています。

1 各章を学習する

各章でプレゼンテーションの概要から、企画、ストーリー展開、プレゼンテーション資料の表現方法、発表技術などを学習します。

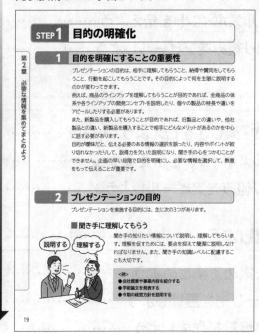

2 Case Studyで考える

各章で学習した内容を、各章末の「Case Study」で振り返ります。各章で学習した内容を、実際の状況で生かすことができるか考えてみましょう。

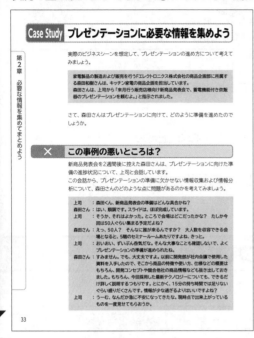

3 実践演習でプレゼンテーションを行う

第1章～第6章の学習内容を踏まえて、実際にプレゼンテーションを実施してみましょう。学生向け、就職者・転職者向け、社員研修向けの3つの課題を用意しています。

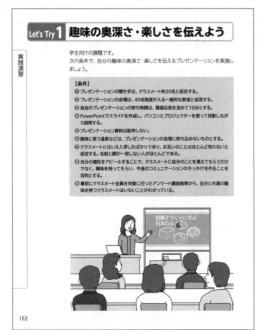

2 本書の記述について

本書で説明のために使用している記号には、次のような意味があります。

記述	意味	例
「　　　」	重要な語句や用語を示します。	「設計シート」とは

 知っておくべき重要な内容

 知っていると便利な内容

※　　補足的な内容や注意すべき内容

3 製品名の記述について

本書では、次の略称を使用しています。

正式名称	本書で使用している名称
Microsoft PowerPoint 2019	PowerPoint
Microsoft PowerPoint 2016	PowerPoint

4 本書の最新情報について

本書に関する最新のQ＆A情報や訂正情報、重要なお知らせなどについては、FOM出版のホームページでご確認ください。

ホームページ・アドレス

https://www.fom.fujitsu.com/goods/

※アドレスを入力するとき、間違いがないか確認してください。

ホームページ検索用キーワード

FOM出版

■第 1 章■
プレゼンテーションとは

STEP 1 プレゼンテーションの基礎知識

1 プレゼンテーションとは

「**プレゼンテーション**」とは、限られた時間の中で事実や考え方、提案内容などをわかりやすく正確に伝えることによって、聞き手に理解してもらったり、納得してもらったりするための手段です。略して「**プレゼン**」とも呼ばれます。ほとんどのプレゼンテーションは、理解してもらったり、納得してもらったりしたうえで、聞き手の協力や意思決定を促すために行われます。したがって、最終的に意図した結果を得るためには、一方的に情報を与えるのではなく、ニーズに合った適切な情報を提示し、聞き手の心に積極的に働きかけることが重要です。
プレゼンテーションは、ビジネスや研究活動など、様々な場面で不可欠なものとなっています。特にビジネスで、プレゼンテーションの成否が商談の成立に直接影響するといっても過言ではありません。聞き手の心を引きつける効果的なプレゼンテーションスキルを身に付けて、ビジネスの成功につなげましょう。

2 プレゼンテーションの実施形式

プレゼンテーションは、発表者と聞き手の場所によって、「**対面形式**」か「**オンライン形式**」かに分けられます。それぞれの形式の特徴を確認しましょう。

■対面形式

対面形式は、発表者と聞き手が同じ場所に集まってプレゼンテーションを行う形式です。

【メリット】

- ●参加者が同じ空間、同じ場所にいるため、意思の疎通が行いやすい
- ●ホワイトボードで絵を描いて伝えたり、身振り手振りを交えて伝えたりすることも簡単
- ●聞き手の表情や声のトーンなどを感じ取れるので、コミュニケーションを取りやすい

【デメリット】

- ●人数に合わせた広さの場所を、参加者全員の予定が空いている日時で抑えなければいけない
- ●聞き手用の資料の印刷や投影、名刺の用意などが必要

■オンライン形式

テレワーク推進の流れに伴って、オンラインでプレゼンテーションをする機会が増えています。

【メリット】

- ●商談の場合は、顧客先に出向かなくてもプレゼンテーションができるので、時間とコストの削減になる
- ●会議室の予約が不要になる
- ●聞き手用の資料の印刷や投影が不要になる

【デメリット】

- ●聞き手の集中力を維持するのが難しい
- ●聞き手の様子を読み取りにくく、一方通行のプレゼンテーションになりやすい

3 プレゼンテーションの違い

プレゼンテーションは聞き手の人数や会場によって、次のように分類できます。その場の状況に応じて、聞き手に効果的に伝えるための工夫が求められます。

■ 面談形式

上司への報告や得意先での商談など、1対1または1対少数の形式で実施されます。意思決定権を持つ人に対して行われることが多く、聞き手との距離が近いため、聞き手の反応を見ながら話を進めることができます。

■ 会議形式

グループミーティングやプロジェクト会議、定例会議など、1対少数、1対多数、または少数対多数の形式で実施されます。プレゼンテーションの内容について、参加者との意見交換やディスカッションが必要な場合に行われます。最も標準的なプレゼンテーションの形式です。

■ 講義・講演形式

教育やセミナーなど、特定のテーマについての学習を目的として、1対多数や少数対多数の形式で実施されます。講師と呼ばれる人によって発表が行われるのが一般的です。

対面形式の場合は、後方に座っている人の反応がつかみにくいことに留意が必要です。参加者に**「一方的に聞かされている」**という印象を持たれないための工夫が必要となります。また、大人数を収容できる会場の手配や機材の手配などの準備作業が増えます。

4 プレゼンテーションの流れ

プレゼンテーションには、相手からの要請を受けて行うものと、自発的に行うものがありますが、どちらの場合も、チャンスは何度も訪れるものではありません。与えられたチャンスを最大限に生かし、プレゼンテーションを成功させるためには、入念な準備が必要不可欠です。
プレゼンテーションを企画して終了するまでの基本的な流れは、次のとおりです。

 目的の明確化

- ●プレゼンテーションを実施することによって、どのような成果を得たいのかを考える

 聞き手の分析

- ●聞き手に関する情報を収集し、興味や知識レベルなどを把握する

 情報の収集と整理

- ●プレゼンテーションの内容に関する情報を多角的に収集する
- ●聞き手のニーズに合った情報や発表者の主張を裏付ける情報を取捨選択する

 主張の明確化

- ●何を最も伝えたいのか、主張すべき内容を明確にする

 ストーリーの組み立て

- ●整理した情報を組み合わせて、プレゼンテーション全体の構成を決定する
- ●主張したい内容をわかりやすく伝えるための工夫をする

6　プレゼンテーション資料の作成

●決定した構成にそって、プレゼンテーション資料を作成する

7　シナリオの作成

●作成したプレゼンテーション資料にそって、発表者用のシナリオを作成する
●話す内容や強調すべきポイントなどを検討する

8　リハーサル

●本番を想定したリハーサルを行い、全体の構成や話し方、時間配分などをチェックし、問題点を改善する

9　最終確認

●使用する資料や機器などを事前に確認し、必要なものを準備する

10　プレゼンテーションの実施

●プレゼンテーションの目的を再確認し、時間配分に注意しながら、熱意と自信を持って発表を行う
●発表後は質疑応答の時間を設ける

11　フォロー

●プレゼンテーションを評価してもらう
●聞き手に対してアプローチを開始し、次の展開につなげる

STEP 2 プレゼンテーションのツール

1 ツールの種類

プレゼンテーションのツールには、次のような種類があります。

■対面形式

対面形式の場合は、次のようなツールを使用します。

●パソコンと外部ディスプレイ

プレゼンテーションソフトを使ってスライドを作成し、作成したスライドをパソコンから外部ディスプレイに表示して説明します。
パソコンと外部ディスプレイを使用する場合は、事前に次のようなことを確認します。

●プレゼンテーションを行う場所に外部ディスプレイが設置されているか
●必要な電源が確保できるか
●電源ケーブルの延長コードや、機器接続用のケーブルの長さが足りているか
●会場のパソコンを使用する場合は、プレゼンテーション用のデータに対応するアプリケーションソフトがインストールされているか
●外部ディスプレイに投影したときに、スライドの内容がきちんと見えるか
●パソコンが正常に起動して正しく動作するか
●機器にトラブルが発生した場合の対応は検討したか

●ホワイトボードや黒板

対面での会議形式では、その場で「**ホワイトボード**」や「**黒板**」に板書しながら説明する場合もあります。会議室にはホワイトボードが設置されていることが多いため、比較的手軽で、他のツールより準備に時間もかかりません。

最近では、書き込んだ内容をその場でプリントアウトできるホワイトボードもあります。

ホワイトボードや黒板を使用する場合は、事前に次のようなことを確認します。

●会場にホワイトボードや黒板が設置されているか
●チョークやマーカー、黒板消し、指し棒などの備品がそろっているか
●ホワイトボードや黒板が聞き手から見やすい位置にあるか

●資料

タブレットに保存したPDFや、紙に印刷した「**資料**」を使って、聞き手に手元で見てもらいながら説明します。対面でプレゼンテーションを実施するときに使用します。

資料を使用する場合には、事前に次のようなことを確認します。

●資料の内容を十分に理解しているか
●何がどこに書いてあるかを把握しているか
●特にアピールすべきポイントや強調すべきポイントはどこかを把握しているか
●関係者外秘、社外秘などの取り扱いは適切か
●印刷物は聞き手の人数分用意したか
●タブレットの充電はされているか

■オンライン形式

オンライン形式の場合は、次のようなツールを使用します。

●パソコン

プレゼンテーションソフトを使ってスライドを作成し、作成したスライドをパソコンに表示して説明します。

パソコンを使用する場合は、事前に次のようなことを確認します。

> ●必要な電源が確保できるか
> ●パソコンが正常に起動して正しく動作するか
> ●機器にトラブルが発生した場合の対応は検討したか

●マイクとWebカメラ

聞き手は、オンラインでプレゼンテーションを視聴する場合、**「発表者の声がクリアに聞こえない」「雑音が混じる」**など、音質の悪さにストレスを感じやすい傾向にあります。

パソコンに内蔵されているマイクは、広範囲に音を拾うので、マウスのクリック音や、周囲の環境音なども雑音として聞き手に伝わってしまいます。プレゼンテーションを行う場合は、特定の方向から集音できる指向性の外付けマイクを使いましょう。その際、Bluetooth接続などの無線では音声が途切れがちになる場合があるので、有線のマイクを利用します。

また、発表者の姿を映すWebカメラも必要です。パソコン内蔵のカメラでも撮影することもできますが、商品の色やデザインを見せたい、など画質をよくしたい場合は、外付けのWebカメラを使うとよいでしょう。

マイクやWebカメラを使用する場合は、事前に次のようなことを確認します。

> ●パソコンに接続して正しく動作するか
> ●機器にトラブルが発生した場合の対応は検討したか

●照明

カメラ映りが悪くなってしまう原因に、窓を背にした「**逆光**」があります。Web会議用ツールでは、自動的に画面の明るさが調整されるため、逆光の状態では人物が極端に暗く映ってしまいます。スペースなどの関係で窓を背にせざるを得ない場合は、照明を使いましょう。

照明を使用する場合は、事前に次のようなことを確認します。

> ●眼鏡に照明が反射していないか
> ●顔に影ができる方から照明を照らすことができるか
> ●機器にトラブルが発生した場合の対応は検討したか

●Web会議システム

オンライン会議やオンラインプレゼンテーションなど、時間や場所を問わずに、インターネットを介して顔を合わせてコミュニケーションを取れるツールが「**Web会議システム**」です。専用の機械ではなく、パソコンやスマートデバイスのアプリケーションソフトやブラウザーを使って利用します。Web会議システムの代表的なものには、「**Zoom**」や「**Teams**」、「**Google Meet**」などがあります。これらのWeb会議システムでは、映像の配信や音声通話、テキストチャットなどの基本機能は同じように利用できますが、最大参加者数や利用時間の違いがあります。

	Zoom	Teams	Google Meet
最大参加者数	100名（無料版） ※有料版では100名以上の参加者に変更可能	100名（無料版） ※有料版では300名以上の参加者に変更可能	100名（無料版） ※有料版では150名以上の参加者に変更可能
最大利用時間	40分（無料版） ※有料版では30時間	1時間（無料版） ※有料版では24時間	1時間（無料版） ※有料版では24時間

（2021年8月現在）

Web会議システムを使用する場合は、事前に次のようなことを確認します。

> ●関係者がWeb会議システムに参加できるか
> ●プレゼンテーションの終了予定時間が利用時間内に収まるか

●安定した通信環境

オンラインで、音声が途切れがちになったり、映像が固まってしまったりする場合は、通信環境に問題があることがほとんどです。よい音声・画質で配信するには、安定した通信環境が必要です。

発表者は、可能であればインターネットを有線接続にしましょう。無線接続と比較して、有線接続は高速かつ安定したインターネット環境になります。

2 ツールによる情報伝達の効果

プレゼンテーションのツールは、情報をビジュアル化することによって、よりわかりやすく伝える重要な役割を果たします。

具体的には、次のような効果が期待できます。

■ すばやく確実に伝達する

プレゼンテーションでは、限られた時間で必要な情報を効率よく伝え、理解してもらわなければいけません。人間の脳は目から得る情報に頼る傾向があり、耳から入るものよりも多くの情報を吸収します。言葉だけで伝えるよりも、話の内容と同じでも簡単な図解やグラフ、写真を添えることで、自分の情報をすばやく正確に理解してもらうことができます。

■ 聞き手の記憶にとどめる

卓越した話術をマスターしなくても、聞き手の記憶にとどまるプレゼンテーションをすることは可能です。そのために大切なのは情報を複数回伝えることです。ツールを使って話の内容を図解したり、説明内容と関連した写真を表示するのが基本ですが、さらに、画像の中にその場で直接矢印や枠を書き込んだり、ホワイトボードと組み合わせてライブ感を出すなどの演出で、より相手の記憶に残すことができます。

■ 集中力を持続させる

一般的に人が集中力を持続できるのは、8分程度とされています。聞き手の集中力が欠けて眠くなるのは、話にメリハリがなく一本調子のときです。小さなことでよいので、聞き手の五感を刺激してみましょう。ツールを使って効果音やアニメーション、動画を入れて変化をつけたり、注目してほしい箇所を点滅表示して視覚を刺激したりといろいろなサプライズが考えられます。

STEP3　プレゼンテーションソフトの基礎知識

1　プレゼンテーションソフトとは

オンラインや対面でプレゼンテーションを行うには、プレゼンテーションに使用するスライドを事前に作成しておく必要があります。

訴求力のあるスライドを作成し、効果的なプレゼンテーションを実施するためには、プレゼンテーションソフトが欠かせません。プレゼンテーションソフトには、**「PowerPoint」**や**「Googleスライド」**、**「Keynote」**などがあります。

プレゼンテーションソフト	説明
PowerPoint	Microsoft社からリリースされたプレゼンテーションソフト。企業や教育機関で多く利用されている。
Googleスライド	Google社からリリースされたプレゼンテーションソフト。Googleアカウントがあれば無料で利用でき、複数の人が別々の場所から同時に編集できる。
Keynote	アップル社からリリースされたプレゼンテーションソフト。デザインが豊富で、見栄えのするスライドを簡単に作成できる。

2　PowerPointを利用するメリット

PowerPointには、便利な機能が豊富に用意されています。それぞれの機能について理解し、その基本操作を習得しておくと、短時間で効率よくスライドを作成できるだけでなく、より効果的な見せ方ができます。

PowerPointには、主に次のような機能があります。

■効率的なスライドの作成

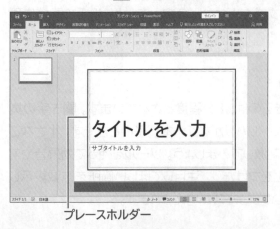

プレースホルダー

事前に用意されている**「プレースホルダー」**と呼ばれる領域に、文字を入力するだけで、タイトルや箇条書きが配置されたスライドを作成できます。

■ 表やグラフの作成

スライドに**「表」**を作成して、データを読み取りやすくすることができます。また、スライドに**「グラフ」**を作成して、数値を視覚的に表現することもできます。

■ 図解の作成

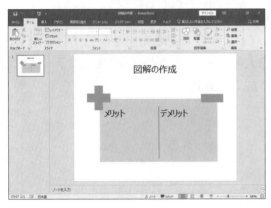

「SmartArtグラフィック」の機能を使って、スライドに簡単に図解を配置できます。また、様々な図形を組み合わせて、ユーザーが独自に図解を作成することもできます。図解を使うと、文字だけの箇条書きで表現するより聞き手に直感的に理解してもらうことができます。

■ イラストや写真の挿入

「画像」の機能を使って、スライドにイラストや写真などを配置できます。インターネットに接続できる環境があれば、インターネット上の豊富な素材を利用できます。
また、ユーザーが用意したオリジナルのイラストや写真を配置することもできます。

■ 洗練されたデザインの利用

「テーマ」の機能を使って、すべてのスライドに一貫性のある洗練されたデザインを瞬時に適用できます。また、「スタイル」の機能を使って、表・グラフ・SmartArtグラフィック・図形などの各要素に洗練されたデザインを適用することもできます。

■ 特殊効果の設定

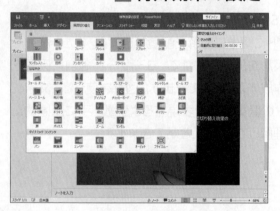

「画面切り替え」や「アニメーション」の機能を使って、スライドに動きを加えることができます。見る人を引きつける効果的なプレゼンテーションを作成できます。

■ スライドショーの実施

「スライドショー」の機能を使って、プレゼンテーションを実施できます。外部ディスプレイやパソコンの画面に表示して、指し示しながら説明できます。

■ 発表者用ノートや配布資料の作成

プレゼンテーションを行う際の補足説明を記入した発表者用の「ノート」や、聞き手に配布する「配布資料」を印刷できます。

■第2章■
必要な情報を集めて
まとめよう

STEP 1 目的の明確化

1 目的を明確にすることの重要性

プレゼンテーションの目的は、相手に理解してもらうこと、納得や賛同をしてもらうこと、行動を起こしてもらうことです。その目的によって何を主眼に説明するのかが変わってきます。

例えば、商品のラインアップを理解してもらうことが目的であれば、全商品の体系や各ラインアップの開発コンセプトを説明したり、個々の製品の特長や違いをアピールしたりする必要があります。

また、新製品を購入してもらうことが目的であれば、旧製品との違いや、他社製品との違い、新製品を購入することで相手にどんなメリットがあるのかを中心に話す必要があります。

目的が曖昧だと、伝える必要のある情報の選択を誤ったり、内容やポイントが絞り切れなかったりして、説得力を欠いた説明になり、聞き手の心をつかむことができません。企画の早い段階で目的を明確にし、必要な情報を選択して、熱意をもって伝えることが重要です。

2 プレゼンテーションの目的

プレゼンテーションを実施する目的には、主に次の3つがあります。

■聞き手に理解してもらう

説明する　理解する

聞き手の知りたい情報について説明し、理解してもらいます。理解を促すためには、要点を抑えて簡潔に説明しなければなりません。また、聞き手の知識レベルに配慮することも大切です。

<例>
● 会社概要や事業内容を紹介する
● 学術論文を発表する
● 今期の経営方針を説明する

■聞き手に納得してもらう

聞き手に理解してもらったうえで、内容に賛同してもらったり、満足してもらったりします。聞き手の心を引きつけ、聞き手の反応を見ながら、興味が持続するように話す必要があります。また、単なる自慢話で終わらないように注意しなければなりません。

<例>
- ●研究や営業活動の成果を評価してもらう
- ●新商品や新サービスのよさを認識してもらう
- ●セキュリティ対策の必要性について賛同してもらう

■聞き手に行動を起こしてもらう

聞き手に納得してもらったうえで意思決定を促し、最終的に行動を起こしてもらいます。行動を起こした場合のメリットを提示して期待感をあおるだけでなく、行動を起こさなかった場合のデメリットやリスクを提示して不安感を刺激するなど、できるだけ聞き手の意思決定を早めるように働きかけます。

<例>
- ●新商品や新サービスの企画について上司の承認をもらう
- ●新商品や新サービスの販促活動に協力してもらう
- ●数ある競合の中から自社の商品やサービスを選んでもらう

聞き手の目的と発表者の目的

「聞き手の目的」と「発表者の目的」は、必ずしも一致しているとは限りません。例えば、新システム導入についてのプレゼンテーションを実施する場合、聞き手と発表者の目的が次のように異なることが考えられます。

- ●聞き手（システムを発注する側）の目的
  新システムの導入により、生産効率の向上と人件費の削減を目指す
- ●発表者（システムを受注する側）の目的
  今年度中に新システムを受注する

プレゼンテーションを実施する際には、このような違いにも配慮しながら、両者にとって納得のいく結果が得られるように工夫しましょう。

1 あくまでも聞き手が主役

プレゼンテーションで重要なのは、聞き手が必要としている情報を、より効果的に伝達することです。一方的に自分の意見を主張するだけでは、プレゼンテーションとはいえません。あくまでも聞き手が主役です。聞き手が知りたがっていることや求めていることに応えることができて、はじめてプレゼンテーションといえるのです。

例えば、**「なるほど、あなたの説明はよくわかりました。でも私には興味がありません」**といわれてしまえば、話はそこで終わってしまいます。これではビジネスは成立しません。したがって、発表者が**「話をしてあげる」**のではなく、聞き手に**「自分の話を聞いてもらう」**という意識を持つことが必要です。プレゼンテーションの内容を聞き手が理解できないとしたら、それは聞き手に問題があるのではなく、発表者が話す内容、話の進め方、見せる資料などに問題があると考えた方がよいでしょう。

また、聞き手にどのくらいの専門知識があるのか、会社でどのような立場にいるのかによっても、聞き手の感じ方は変わってきます。聞き手の心を動かすためには、聞き手を十分に分析し、聞き手が誰なのか、何を求めているのかを把握したうえで、適切な言葉や表現方法を選んで説明する必要があります。

2 聞き手分析のポイント

プレゼンテーションの目的を達成するためには、聞き手を分析し、聞き手の知識レベルや興味に合わせてプレゼンテーションの方向性を探る必要があります。まず聞き手を知ることが、成功への第一歩です。

聞き手を分析する際には、次のような点を確認しましょう。

■属性

性別や年齢、職業、役職、地域性など、プレゼンテーションの聞き手がどのような属性の人なのかを把握しておきます。これにより、例えば、女性の出席者が多いプレゼンテーションの場合はやわらかい口調を意識する、年配の出席者が多いプレゼンテーションの場合はゆっくりとした口調を意識するなど、聞き手に合わせた表現方法を工夫できるようになります。

<例>
- ●就職活動を控えた学生が多いのか、働き盛りの30〜40代が多いのか
- ●技術者が多いのか、営業職が多いのか
- ●入社して間もないのか、役職についているのか
- ●首都圏の在住者が多いのか、地方都市の在住者が多いのか、田舎暮らしに憧れる移住者が多いのか

■前提知識

プレゼンテーションの内容を理解できるかどうかは、聞き手の前提知識によっても変わってきます。例えば、聞き手に専門知識がない場合は、用語の解説が必要になります。伝えたいことを短時間で理解してもらうためにも、プレゼンテーションの内容に関して、聞き手がどの程度の知識を持っているのかを把握しておきます。

■内容への関心度

聞き手は何かを期待してプレゼンテーションの場にやってきます。プレゼンテーションの内容にどの程度の関心を持っているのか、どのような価値観を持っているのか、プレゼンテーションから何を得ようとしているのかを探っておきます。これにより、聞き手から出る質問を予想することも可能になります。

■キーパーソン

聞き手に行動を起こしてもらうことを目的にしたプレゼンテーションでは、出席者の中に必ず、物事の運営や進行、意思決定などに大きな影響力を持つ「**キーパーソン**」が存在するはずです。プレゼンテーションは、その人に向けてメッセージを発信する場であるといっても過言ではないでしょう。キーパーソンに受け入れられると、そのキーパーソンと共に次のステップに進んでいくような信頼関係を築くことができます。

したがって、キーパーソンが誰であるのかを特定すると共に、その人がどんな人物であるのか（性別、年齢、地位、立場、職歴、趣味、専門知識の有無など）を把握しておくことが重要です。

POINT ▶▶▶

禁句の確認

プレゼンテーションの場で、聞き手に不愉快な思いをさせることがあっては逆効果です。聞き手の前で話してはいけない内容や使わない方がよい言葉などについても確認しておくとよいでしょう。

STEP3　情報の収集

1　情報収集の必要性

聞き手を説得するためには、視覚に訴える効果的な資料を作成する、印象に強く残るような話し方をするなど、いろいろな工夫が考えられます。しかし、発表者の勝手な思い込みや想像だけでは説得力のある説明はできません。また、関係者から情報を入手できている場合でも、情報に誤りや不足があったり、事実と異なっていたりすることも考えられます。

効果的なプレゼンテーションを実施するためには、聞き手が求めている情報が何なのかを知り、説得材料となる信頼性の高い情報を手に入れ、プレゼンテーションの内容に反映していく必要があります。そのための情報収集は、プレゼンテーションの準備段階に欠かせない作業であるといえます。

プレゼンテーションを実施する際には、事前に次のような情報を収集し、整理しておきましょう。

■聞き手のニーズを把握するための情報

聞き手が「**発表者は自分のことを理解してくれていない**」と感じてしまうと、信頼関係は築けません。聞き手が知りたがっていること、困っていること、改善を望んでいること、これから取り組もうと考えていることなどを、できるだけ具体的に把握しておきます。

■発表者の主張を裏付けるための情報

プレゼンテーションの目的を明確にし、聞き手を分析してみると、少しずつプレゼンテーションの方向性や話すべき内容が見えてきます。それに合わせて、説明の具体的な裏付けとなる情報や効果的な説得材料となる情報を収集します。

情報収集

聞き手のニーズを把握するための情報収集

聞き手のニーズを調査するということは、**「聞き手の話を聞き、その話の中から聞き手の求めているものを探し出し、要求を明確にする」**ということです。

聞き手のニーズを調査する方法には、次のようなものがあります。より説得力のあるプレゼンテーションを実施するにはどうしたらよいかをイメージしながら、適切な方法を選択します。

また、必要に応じて、複数の方法を組み合わせてもよいでしょう。

■インタビュー（ヒアリング）

「**インタビュー**」とは、聞き手に意見を聞くことです。「**ヒアリング**」とも呼びます。インタビューには、マンツーマン形式で直接話を聞く**「個人面接調査」**や、座談会形式で複数の関係者の意見を聞く**「グループインタビュー調査」**があります。

グループでは聞き手の本音を引き出しにくい場合は、個人面接調査を選択し、聞き手のニーズを多角的に把握したい場合は、グループインタビュー調査を選択します。グループインタビュー調査では、お互いの発言内容に刺激されることで話が発展し、1対1では引き出せない貴重な情報を収集できる可能性もあります。

■アンケート調査

アンケートを実施し、その集計結果からニーズを引き出す調査方法です。調査内容を数値による統計結果で正確に把握できます。調査対象の人数が多い場合、インタビューの時間を確保できない場合、聞き手に直接会えない場合などに利用します。また、インタビューでは直接聞きにくい内容について質問しやすいという特徴があります。

POINT ▶▶▶

インタビューやアンケート調査の依頼は丁寧に

インタビューやアンケート調査は、相手にわざわざ時間を割いてもらうことになるため、まずは目的や必要性を丁寧に説明し、協力してもらえるかどうかを打診します。了解を得た場合は、相手の都合を最優先し、早めに実施しましょう。プレゼンテーションの直前に実施すると、調査結果をまとめたり、分析したりする時間が十分に取れなくなってしまいます。

3　聞き手のニーズを上手に引き出すテクニック

単に事務的に話を聞くのではなく、聞き手のニーズを引き出すように話を聞くことが大切です。ニーズを上手に引き出すポイントは、次のとおりです。

■質問内容を事前に用意する

短時間で効率よくニーズを引き出すために、質問内容は事前に用意しておきます。曖昧な質問では回答しにくいため、過去の事例や経験について教えてもらう、考えられる問題改善案を提示して意見を述べてもらうなど、聞き手が具体的に回答しやすい質問にするとよいでしょう。

また、聞き手の回答パターンを複数想定し、それぞれの回答に応じて次の質問まで考えておくと、短時間で効率よくニーズを引き出すことができます。

質問内容は、聞き漏れのないようにしましょう。

■質問の仕方を変える

質問する相手が話し上手かどうか、または相手に時間的な余裕があるかどうかなど、相手の特性や状況によって同じ質問でも質問の仕方を変えてみると、相手も話しやすくなります。

また、相手が答えにくそうにしていた場合は、**「例えば、〇〇のようなデメリットはないですか?」**というように回答を誘導するなど、相手の反応を見ながら臨機応変に対応することも重要です。

<例>
●話し上手な人への質問

> 〇〇の導入についてはどのようにお考えですか?

話し好きで、多くのことを語ってくれるので、自由に話してもらいます。話の途中で軌道修正が必要になった場合にも、あとから整理すればよいと考え、話の腰を折らないようにします。

●口下手な人への質問

> 〇〇の導入で考えられるメリットとデメリットは何ですか?

自分から多くを語らないため、ポイントを絞って的確に聞き出します。

■顕在ニーズと潜在ニーズを意識する

聞き手のニーズには、「**顕在ニーズ**」と「**潜在ニーズ**」があります。顕在ニーズとは、聞き手の中で明確になっている要求のことです。つまり、聞き手が問題意識を持っているということであり、このニーズを充足させることがプレゼンテーションの成功につながります。

一方、潜在ニーズは、聞き手が意識していない要求のことです。聞き手が問題意識を持っていない場合でも、発表者の話を通じて気付きを与えることで、聞き手の中に眠っている新たなニーズを掘り起こすことができます。

プレゼンテーションによる提案が、短期的なものなのか長期的なものなのかに応じて、顕在ニーズに応えるだけでよいのか、潜在ニーズまで掘り起こす必要があるのかを考えるとよいでしょう。また、潜在ニーズは、顕在ニーズを充足させたうえで、副産物のような形で提案できると、聞き手からの感謝や信頼を得ることができ、次の展開につながりやすくなります。

> **POINT ▶▶▶**
>
> ### 専門知識の有無
>
> インタビューでは、聞き手のニーズの調査と合わせて、プレゼンテーションの内容に関して、聞き手がどの程度の専門知識を持ち合わせているかを分析します。聞き手の知識レベルを把握するためには、聞き手の話に専門用語が出てくるかどうか、インタビュアー（質問者）が専門用語を使っても、一定の理解が得られているかどうかを確認します。

4 発表者の主張を裏付けるための情報収集

プレゼンテーションの内容をより説得力のあるものにするためには、説明の根拠となる信頼性の高い情報を提示する必要があります。例えば、競合他社の商品より優れている点を強調したい場合には、事前に競合他社の商品情報を調査し、機能や価格などの比較表を作成します。

こうした発表内容を裏付けるための情報収集の手段には、次のようなものがあります。収集したい情報の種類や内容に合わせて適切な手段を選び、より正確かつ最新の情報を入手しましょう。

■インターネット

一昔前は、特定の分野や商品、企業などの情報を収集するためには、書籍や新聞などを利用したり、関係者に直接話を聞いたりすることが一般的でした。しかし、現在では、インターネットの普及により、会社や自宅にいながら多くの情報を簡単に収集できるようになりました。

例えば、提案先の企業のホームページにアクセスし、経営方針や特に力を入れている事業、最近の業績、商品の仕様などを調査できます。また、インターネット上でモニターを募集し、発売前の商品の使い勝手を調査することも可能です。

POINT ▶ ▶ ▶

インターネット上の情報を取り扱う上での注意点

インターネットには多くの情報が溢れています。インターネット上の検索サイトでキーワードを入力すると、該当するホームページが検索され、そこから様々な情報を得ることができます。

しかし、インターネットは誰もが手軽に利用でき、閲覧はもちろんのこと情報発信も簡単に行うことができるため、中には何の根拠もない偽りの情報が含まれている可能性もあります。利用者は、大量の情報の中から正しい情報を見極めなければなりません。

情報収集の手段としてインターネットを利用する場合は、次のようなことに気を付けましょう。

●更新日付や更新履歴を確認する

そのホームページの更新日付が最近のものかどうか、更新履歴が掲載されているかどうかを確認することで、情報が最新のものであるかどうかを判断できる場合があります。

●情報の出どころ、出典元を調べる

情報が主観に基づいた個人的な意見でないかどうか、また、引用された情報の場合は、出典元が記載されているかどうか、その出典元が信頼のおけるものであるかどうかなどを調べることで、情報の信頼性を判断できる場合があります。

●他のメディアと比較する

新聞や雑誌、書籍など、他のメディアを併用することで、情報の信頼性を判断できる場合があります。

●リンク状況をチェックする

そのホームページに設定されているリンク先がエラーになったり、リンク先に不審な点があったりする場合は、信頼のおける情報とはいえない可能性があります。

■新聞

新聞は、業界動向や市場の動き、最新技術などを大まかに把握するのに向いています。また、プレゼンテーションの当日に読んだ記事を紹介し、話のきっかけを作るといった活用も可能です。何より、新聞に掲載されている情報は信頼性が高いのが大きな強みです。

一般紙だけでなく、経済紙や専門紙、地方紙など、あらゆる新聞を購読するのは現実的ではないため、欲しいときに欲しい記事を提供してもらえる「ニュースアプリ」などを利用する方法もあります。

■ 雑誌・情報誌

経済誌やビジネス情報誌などは、内容がある程度整理されているため、プレゼンテーションに関する情報を効率よく収集するのに役立ちます。また、発表内容を裏付ける表やグラフなどのデータが掲載されていることも多く、参考になります。表やグラフなどに記載されている出典情報を頼りに、さらに情報収集を進めることもできます。

■ インタビュー（ヒアリング）

インタビューは、説明に客観性を持たせるうえで有効な手段です。例えば、**「人間工学に基づいたデザインです」「年配の方にも使いやすい設計です」**といった主観に基づいた説明では、説得力がありません。商品のよさについて専門家に語ってもらったり、実際に購入した人に話を聞いたりして、そこで得た情報をプレゼンテーションで紹介すると効果的です。

■ アンケート調査・モニター調査

アンケート調査やモニター調査は、説明にリアリティを持たせるうえで有効な手段です。例えば、地域性を重視する商品について、実際にその地域に出向いて街の声を集めたり、モニターを募集し、試用してもらった商品のデザインや使い勝手、適正価格について調査したりする方法があります。調査結果を活用することで、単なる予想や仮説ではなく、利用者の生の声や実際の評価を提示できます。

■ 数値データ

商品やサービスなどの売上高や営業利益など数値データの現状や推移は、主張の裏付けになります。例えば、**「この商品は冬に売上が多いので、新商品の発売開始を冬前に設定したほうがよい」「この支店の売上は高いが、目標達成率が低いので、改善が必要である」**など、数値データを裏付けにすることで、聞き手を説得するための一助になります。

また数値データはグラフ化することで、聞き手がイメージしやすく、理解への近道になります。

 発表者に役立つ情報

収集した情報は、プレゼンテーションの場で提示したり、プレゼンテーション資料に掲載したりするためだけに使うとは限りません。発表者自身の前提知識として、またはプレゼンテーション後の質疑応答の準備として持っておくとよい情報もあります。自信を持ってプレゼンテーションに臨むためにも、様々な情報を幅広く収集しておくとよいでしょう。

STEP4 情報の分析

1 発表者の主張と聞き手のニーズ

プレゼンテーションで発表者が主張する内容は、聞き手のニーズと合致していなければなりません。聞き手のニーズと合致していれば、聞き手は関心を持って発表者の話に耳を傾けてくれるでしょう。反対に、プレゼンテーションの内容と聞き手のニーズがずれていると、聞き手に理解してもらったり、納得してもらったりすることは難しくなり、結果的にプレゼンテーションの目的を達成することはできません。聞き手が知りたがっていること、困っていること、改善を望んでいること、これから取り組もうと考えていることなどに対し、的確な答えを提示できない場合は、プレゼンテーション自体が意味のないものになってしまいます。発表者の主張が独りよがりの一方的なものにならないようにするためにも、プレゼンテーションの内容は、必ず聞き手のニーズと合致させるようにしましょう。そのためには、必要な情報を収集し、多角的に分析したうえで、プレゼンテーションに反映していくことが重要です。

2 聞き手のニーズの分析とプレゼンテーションへの反映

インタビュー（ヒアリング）やアンケート調査を通じて聞き手から情報を収集したら、収集した情報の中から聞き手のニーズを見つけ出します。聞き手のニーズが明確になってきたら、プレゼンテーションの内容に盛り込めるもの、盛り込めないものを見極めます。

プレゼンテーションを企画する際に注意したいのは、すべてのニーズに対する答えを盛り込み過ぎないことです。1回のプレゼンテーションで、聞き手のすべてのニーズを満たすのは難しいことです。あまり欲張り過ぎると、かえって焦点がぼやけてしまい、効果的なプレゼンテーションを実施することができなくなります。聞き手のニーズが多い場合は、重要性や緊急性などの観点から優先順位を付け、今回のプレゼンテーションでは、どのニーズに焦点をあてて提案を行うのかを明確にします。その他のニーズについては、懸案事項や課題として列挙しておくとよいでしょう。

また、ひとつのニーズに対する提案によって、副次的に他のニーズを満たすことができるようなものを探し、聞き手に満足感を与える工夫をすることも重要です。

3 発表者の主張とプレゼンテーションへの反映

発表者の主張を裏付けるための情報を収集したら、収集した情報の中から、プレゼンテーションで聞き手に伝えるべき内容を吟味します。

プレゼンテーションの目的、聞き手の属性や前提知識などによって、必要な情報は異なります。発表者の主張と聞き手のニーズが合致しているかどうかを意識しながら、また、聞き手の反応をイメージしながら、必要な情報をピックアップしていきます。収集した情報を一覧にし、プレゼンテーションの目的に応じて、必要な情報に○、不要な情報に×を記入していくのもひとつの方法です。

次の例のように、収集した情報は同じでも、プレゼンテーションの目的によって盛り込むべき情報のポイントは異なります。

<例>
収集した情報

- ❶ 新商品の概要（商品の詳細、原材料、ラインアップにおける位置付けなど）
- ❷ ライバル商品の情報（商品の概要、原材料、販売価格、販売状況など）
- ❸ 開発スケジュール（開発の工程、発売予定日、シリーズ化の予定など）
- ❹ 採算プラン（開発コスト、売上見込など）
- ❺ 商品に対する評価（アンケート調査結果など）
- ❻ 拡販施策（販売目標、プロモーション計画など）

目的1：社内の関連部署が出席する企画会議で、これから開発する新商品を承認してもらう場合

- ● 原材料やシリーズ化の予定を含む商品の詳細情報を伝える
- ● 出席予定者の所属部署などによっては、原材料などの詳細情報は省略する
- ● ライバル商品と差別化するために、比較表などを使って新商品の優れている点を強調する
- ● どのようなコンセプトで開発するのか、発売までにどのような工程を踏むのか、どのくらいの期間を要するのかを説明する
- ● 開発にはどのくらいのコストがかかり、どのくらいの売上が見込めるのかを説明する
- ● アンケート調査結果を使って、ターゲットやコンセプトの正当性を説明する
- ● 拡販施策の詳細情報を提示して、関連部署の協力を仰ぐ

目的2：取引先の販売担当者が出席する新商品説明会で、販売への協力を依頼する場合

- ● 基本的な商品概要に焦点をあてて説明する
- ● 販売担当者向けのプレゼンテーションであるため、従来からある機能については省略し、新機能についてはしっかりと伝える
- ● ライバル商品と比較して、自社商品の優れている点を強調する
- ● 発売までの詳細な工程などは省略し、発売日を正確に伝える
- ● 新商品の販売促進につながるプロモーション計画を中心に説明し、安心感を与える

POINT ▶▶▶

情報の開示

社外の人に向けてプレゼンテーションを実施する場合は、開示しても問題がない情報かどうかを確認する必要があります。また、たとえ社内であっても、限られた部署にしか開示できない情報もあります。特に、開発中の商品に関する情報などは社外秘や関係者外秘である場合が多いため、情報の取り扱いには十分注意しましょう。

具体的・客観的データの持つ威力

発表者の主張を裏付けるための情報には、事実を示す詳細な数値データ、大量の情報、複雑な情報なども含まれます。これらは、より具体的で客観性が高く、有効な説得材料となり得るものです。しかし一方で、これらの情報は口頭では伝えにくいという特徴があるため、目に見える形で提示するとよいでしょう。情報を誰の目にも把握しやすいように表現する方法には、次のようなものがあります。

■ 表・グラフ

表やグラフは数値で表される事実を視覚的にわかりやすいように整形したものです。数値を羅列するだけでは、他と比較してどの程度大きいのか小さいのか、すぐに判断できません。表やグラフにすることで、聞き手はすばやく把握できるだけでなく、発表者が何を強調しようとしているのかを理解しやすくなります。情報収集の過程で、すでに加工された表やグラフを入手できた場合でも、発表者の主張したい内容に合わせて、より効果的な見せ方ができるかどうかを検討してみるとよいでしょう。

表やグラフは、次のような場合に使うと効果的です。

●大量のデータを正確に伝える
●数値を比較して大小を明らかにする
●聞き漏れを防ぐ
●プレゼンテーションでは伝えきれない情報を網羅する
●詳細情報として後で活用してもらう

■ 写真・動画

写真や動画は、事実や実物そのものを捉え、目で見たままに伝えるためのものです。写真や動画を通じて、聞き手は発表者の説明が事実であることをすばやく理解し、何が特徴なのか、どんなことが起こったのか、どんな点に問題があるのかといったことを直感的に把握できます。また、写真や動画には、聞き手の興味を引き、強いインパクトを与える力があり、プレゼンテーションの内容をより印象深いものにするうえでも効果的です。プレゼンテーションソフトを使うと、プレゼンテーション資料に写真や動画を自由に配置することができて便利です。

写真や動画は、次のような場合に使うと効果的です。

●事実であることを証明する
●特徴をよりリアルに伝える
●複雑な動きを解説する
●臨場感を共有する

Case Study　プレゼンテーションに必要な情報を集めよう

実際のビジネスシーンを想定して、プレゼンテーションの進め方について考えてみましょう。

> 家電製品の製造および販売を行うFエレクトロニクス株式会社の商品企画部に所属する森田和樹さんは、キッチン家電の商品企画を担当しています。
> 森田さんは、上司から「来月行う販売店様向け新商品発表会で、蓄電機能付き炊飯器のプレゼンテーションを頼むよ。」と指示されました。

さて、森田さんはプレゼンテーションに向けて、どのように準備を進めたのでしょうか。

✕　この事例の悪いところは？

新商品発表会を2週間後に控えた森田さんは、プレゼンテーションに向けた準備の進捗状況について、上司と会話しています。

この会話から、プレゼンテーションの準備に欠かせない情報収集および情報分析について、森田さんのどのような点に問題があるのかを考えてみましょう。

> 上司　　　：森田くん、新商品発表会の準備はどんな具合かね？
> 森田さん　：はい、順調です。スライドは、ほぼ完成しています。
> 上司　　　：そうか、それはよかった。ところで会場はどこだったかな？　たしか今回は50人ぐらい集まる予定だよね？
> 森田さん　：えっ、50人？　そんなに誰が来るんですか？　大人数を収容できる会場となると、5階のセミナールームあたりですよね、きっと。
> 上司　　　：おいおい、ずいぶん呑気だな。そんな大事なことも確認しないで、よくプレゼンテーションの準備が進められたね。
> 森田さん　：すみません。でも、大丈夫ですよ。以前に開発部が社内会議で使用した資料を入手したので、そこから商品の特徴や使い方、仕様などの概要はもちろん、開発コンセプトや競合他社の商品情報なども抜き出しておきました。もちろん、今回採用した最新テクノロジーについても、できるだけ詳しく説明するつもりです。とにかく、15分の持ち時間では足りないぐらい盛りだくさんです。情報が少な過ぎるよりはいいですよね？
> 上司　　　：うーむ、なんだか急に不安になってきたな。現時点で出来上がっているものを一度見せてもらおうか。

自信満々

◎ こうすれば良くなる！

森田さんは、情報収集および情報分析が不十分なままに準備を進めてしまった
ようです。
効果的なプレゼンテーションを実施するために、どのようなことに注意して準備
を進めたらよいのかを確認しましょう。

❶聞き手が誰であるかを確認する

森田さんは、新商品発表会にどんな人たちが集まるのかを確認せずに、準備を
進めてしまいました。プレゼンテーションは、あくまでも聞き手が主役です。
誰に対して、どんな目的で商品を説明するのかによって、プレゼンテーションの
内容も変わってきます。例えば、今回は販売店様向けの新商品発表会であるた
め、テクノロジーに関する詳しい説明は不要でしょう。
聞き手の知識レベルや興味にそったプレゼンテーションの方向性を探るために
は、まず聞き手を知ることから始めなければなりません。聞き手の属性や前提
知識、内容への関心度を確認しておきましょう。

❷ 聞き手のニーズを把握する

森田さんは、単純に新商品を紹介すればよいと考えているようですが、聞き手は、市場ニーズやプロモーション計画についても知りたいと思うかもしれません。プレゼンテーションでは、一方的に自分の意見を主張するのではなく、聞き手が必要としている情報を、より効果的に伝達する必要があります。必要に応じて、事前にインタビューやアンケート調査を行い、聞き手が知りたがっていること、困っていること、改善を望んでいること、これから取り組もうと考えていることなどを、できるだけ具体的に把握しておきましょう。

❸ 信頼性の高い情報を活用する

森田さんが入手した資料の情報は、最新のものではない可能性があります。せっかく情報を収集しても、古い情報や曖昧な情報、発信元がわからない情報では信頼性が低く、説得力がありません。安易に流用する前に、信頼性の高い情報かどうかをしっかりと見極める必要があります。さらに、情報が不足していたり、正確性に欠けていたりする場合には、関係者へのインタビューやアンケート調査を行うなど、正確な情報を入手するように心掛けましょう。
また、社内向けの資料を社外向けのプレゼンテーションで流用する場合には、社外秘扱いの情報でないかどうかを精査し直す必要もあります。

❹ 盛り込むべき情報を絞り込む

森田さんは、情報は多ければ多いほどよいと考えているようですが、あれもこれもと欲張り過ぎると、かえって焦点がぼやけてしまいます。聞き手に興味を持ってもらうためには、情報の量より質が重要です。収集した情報の中からプレゼンテーションに盛り込むべき内容を吟味し、限られた時間で、聞き手が必要としている情報を的確に伝えられるようにしましょう。

■第 3 章■
論理的にストーリーを展開しよう

STEP 1 主張の明確化

1 目的達成のための道筋

プレゼンテーションの目的は、相手に理解してもらい、納得や賛同をしてもらい、最終的に行動を起こしてもらうことです。その目的に従って、聞き手のための、プレゼンテーションの道筋を考えていきます。

ただし、発表者の主張と、聞き手のニーズが、必ずしも一致しているとは限りません。一致しないままでプレゼンテーションを実施すると、発表者の主張を一方的に押し付ける、独りよがりなプレゼンテーションになってしまいます。

そんな事態にならないように、プレゼンテーションの具体的な内容を作り込む前に、聞き手の課題やニーズを、想像ではなく正確に把握し、その課題・ニーズを、聞き手が賛同できる形で満たすには、どうしたらよいかを検討して、一連の道筋を描くことが大切です。聞き手の「こうなりたい」という希望と、話し手の提供する内容、技術力、価格との折り合いなどを踏まえて、聞き手のニーズを満たしながら双方にとってプラスになる解決策にたどり着く道筋を作っていきましょう。

聞き手のニーズに合った
Win-Winの解決策は何かな？

問題点に対する解決策は、次のような手順で検討していきましょう。

 問題点を提起する

- ●発表者の主張と聞き手のニーズのギャップを発見する
- ●聞き手のニーズを満たし、目的を達成するうえで、何が問題になっているのかを明確にする
- ●問題点を列挙し、提起する

 問題点を分析する

- ●提起された問題点について、何が原因となっているのかを明確にする

 解決策を検討する

- ●問題の原因を解決・改善する方法を検討する
- ●関係者の協力を得て、意見やアイデアを数多く出し合う

4 解決策を導き出す

- ●検討結果をもとに、解決策を導き出す

例えば、聞き手が競合他社の商品に高い関心を示している場合、自社商品を売り込みたい発表者にとって、自社の弱みが目的の達成を妨げる要因になってきます。この場合、自社の弱みをカバーできるだけの強みを見つけ、聞き手に強くアピールすることで、自社商品にメリットを感じてもらえる可能性があります。

解決策はこれだ！！

2　解決策の検討方法

解決策は、聞き手のニーズを満たし、目的を達成するために必要なものです。聞き手にとって魅力的でなければ受け入れてもらえないという意味で、プレゼンテーションの成功のカギを握るといってもよいでしょう。

よりよい解決策を導き出すためには、まず関係者間で様々な意見やアイデアを出し合い、自由な発想で解決の糸口を探ることが重要です。次に、具体的な解決策がいくつか見えてきたら、その中から最も効果的で、かつ実現可能なものを選びます。ただし、意見やアイデアを出す段階では、実現可能かどうかはあまり意識せず、できるだけ多くの意見やアイデアを出すようにします。実現することが難しいと思われる場合でも、別の人が違う視点からその意見やアイデアを見ることで、新しい発見があったり、そこから新しいアイデアが生まれたりすることがあるからです。

また、プレゼンテーションをチームで実施する場合は、一部のメンバーだけでなく、チーム全体で意見を出し合うようにします。プレゼンテーションを1人で実施する場合でも、周囲の協力を得て、ひとつでも多くの意見やアイデアを収集するようにしましょう。

様々な意見やアイデアを収集したり、集約したりする方法には、次のようなものがあります。

■ ブレーンストーミング

「ブレーンストーミング」とは、会議や打ち合わせなどの出席者が、ある一定のルールに従って自由に意見を交わしながら、意見を整理していく手法です。略して「ブレスト」とも呼ばれ、それぞれの自由な発想によって互いの頭脳を刺激し合うことを狙ったものです。新しい価値を生み出すための方法でもあるため、大胆な意見や一見つまらないと思える意見でも、大歓迎されるのが特徴です。ブレーンストーミングのルールは、次のとおりです。

ルール	説明	期待される効果
批判禁止	人の意見に対して、批判や批評をしない	批判や批評をすることで、発言が抑止されてしまうことを防ぐ
質より量	できるだけ多くの意見を出す	数多くの意見が出るほど、質のよい解決策が見つかる
自由奔放	既成概念や固定概念に捉われず、自由に発言する	多少テーマから脱線しても、その中から斬新なアイデアが生まれる
結合・便乗	アイデアとアイデアを結合したり、他人のアイデアを利用したりする	新たなアイデアが創出される

■ バズセッション

「バズセッション」とは、会議などの出席者を5、6人の少人数のグループに分けて議論させる手法です。グループごとにリーダーと記録係を決めて10分ほど議論し、意見をまとめます。その後、グループごとの意見を発表し合い、全体としての結論を導き出します。

出席者が多数である場合などは、個人の発言の機会が極端に減ってしまいますが、バズセッションを利用すると、1人1人の意見を幅広く収集できます。

■ KJ法

「KJ法」とは、文化人類学者の川喜田二郎氏が、データの整理術として考案した手法です。意見を集約する際にも応用できます。

まず、1枚のカードに、あるテーマに関する意見をひとつずつ記載します。次に、複数のカードの中で類似した意見をまとめてグループ化し、それぞれのグループに、グループ化した根拠を要約したラベルを付けていきます。グループの数が4～6つくらいになるまでこの作業を繰り返し、最終的に残ったグループについて相互の関係性を考え、線でつないだり囲んだりして図解で表現します。

● 1枚のカードにひとつの意見を記入する

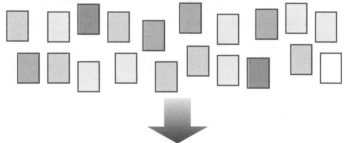

● 類似した意見をグループ化してラベルを付ける

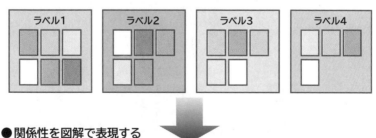

● 関係性を図解で表現する

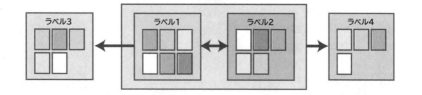

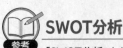

SWOT分析

「SWOT分析」とは、自社の強み（Strength）、弱み（Weakness）、機会（Opportunity）、脅威（Threat）の4つについて分析し、評価する手法のことです。方針や戦略の立案など、何らかの意思決定を必要としている場面でよく利用されます。

強みと弱みは、人材や営業力、商品力、販売力、技術力、ブランド、競争力、財務体質など、自社の内部環境を分析し、生かすべき強みと克服すべき弱みを明確化します。機会と脅威は、政治や経済、社会情勢、法律、市場性、顧客動向、競合他社など、自社を取り巻く外部環境を分析し、利用すべき機会と対抗すべき脅威を見極めます。

これらをマトリックス上の4つの枠内に箇条書きで書き出して整理し、理想論ではなく、現状を踏まえた的確なアプローチを見いだすのが狙いです。

SWOT分析を行うことで、目的の達成に向けて、単に弱みを克服するだけでなく、強みをさらに伸ばしたり、弱みを強みに変えたり、脅威を機会として捉えたりなど、柔軟な発想で様々な解決策を導き出すことができます。

強み（S）	弱み（W）
●技術力の高さ ●ブランドの歴史	●国内における認知度の低さ ●サポート要員の不足
機会（O）	**脅威（T）**
●節電への関心の高まり ●省エネルギー法の改正	●景気の低迷 ●消費者の買い控え傾向

第3章　論理的にストーリーを展開しよう

訴求ポイントの絞り込み

問題点に対する解決策を導き出したら、聞き手に解決策を受け入れてもらうために、プレゼンテーションで伝えるべき内容を整理していきます。その際、**「訴求ポイント」** を明確にすることが重要です。訴求ポイントとは、聞き手の共感や賛同を得るために強く訴えかけるポイントのことで、主張する内容の要点といえます。訴求ポイントを明確にしないまま作業を進めると、プレゼンテーションをどのように展開すべきか方向性が見えなくなり、焦点のぼやけた、まとまりのないプレゼンテーションになってしまいます。

プレゼンテーションでは、訴求ポイントを中核に、最後までブレのない説明を展開する必要があります。伝えたいことが複数ある場合にも、プレゼンテーションの目的にそって最も主張したいポイントを絞り込み、プレゼンテーションの展開を検討していきましょう。

例えば、聞き手に新商品の機能を理解してもらうことが目的であれば、訴求ポイントは新商品の機能の説明となります。聞き手に新商品を購入してもらうことが目的であれば、訴求ポイントは新商品を購入するメリットの説明となります。

主張の一貫性

発表者の主張にブレや矛盾があり、一貫性がないプレゼンテーションは、聞き手の心を動かすことはできません。発表者が伝えようとしていることを正しく理解できないだけでなく、発表者の説明に不信感を抱いてしまうことも考えられます。そもそも、プレゼンテーションの目的が曖昧だと、主張すべき内容も定まりません。したがって、プレゼンテーションの内容を具体的に検討する際には、達成すべき目的と訴求ポイントを意識しながら、全体を通して主張に一貫性が保たれるように注意しましょう。

STEP 2 プレゼンテーションの構成

1 プレゼンテーションの構成

プレゼンテーションの目的や訴求ポイントが明確になったら、次に、プレゼンテーションの構成を考えます。プレゼンテーションの構成とは、発表者の主張を聞き手にわかりやすく伝えるためのストーリー展開のことです。

一般的に、プレゼンテーションは、次の3つの要素から構成されます。

- 序論（導入）
- 本論（展開）
- 結論（まとめ）

2 プレゼンテーションの導入 ー 序論

「**序論**」とは、プレゼンテーションの導入部のことです。序論は、これから実施するプレゼンテーションの内容を明確にし、聞き手に興味を持ってもらうための重要な役割を担います。しかし、重要だからといって、プレゼンテーションのほとんどの部分を序論に割く必要はありません。序論では、聞き手の関心を引き出し、プレゼンテーションへの期待を高めてもらうことを目指しましょう。

序論には、次のような要素を盛り込むと効果的です。

- テーマ
- 全体の流れ（目次）
- 提案の背景
- 訴求ポイント
- 重要なキーワード
- 本論を理解するために必要な前提知識
- プレゼンテーションの内容が、聞き手にとってどのくらい重要か、どのような利益を生むか

3 プレゼンテーションの展開 ― 本論

「本論」とは、プレゼンテーションの本体部のことです。発表者の主張を聞き手に理解してもらうために、ストーリーを組み立て、詳細を説明します。主張にブレや矛盾がないように、曖昧な説明や希望的観測は避け、事実と理論に基づいて、筋道を立てて説明を展開していきましょう。主張の裏付けとなる具体的な数値や事例を提示すると、聞き手は発表者の提案内容を受け入れやすくなります。本論には、次のような要素を盛り込むと効果的です。

- ●聞き手に伝えたい内容の詳細
- ●客観的事実や過去の実績、統計結果など、主張の具体的な裏付けとなるデータ
- ●アイデアや問題解決策などの提案
- ●自分の体験談や具体的な事例
- ●自分の主張と他人の主張との関連付けや比較
- ●聞き手が提案内容を受け入れることで想定されるメリット
- ●予想される質問に対する回答

4 プレゼンテーションのまとめ ― 結論

「結論」とは、プレゼンテーションのまとめに相当する部分のことです。プレゼンテーションの内容について、聞き手に具体的な検討や意思決定を促す重要な役割を担います。本論の説明を受けて聞き手が興味を持ち、**「それなら具体的にどうすればいいの?」**という気持ちになってくれるのが理想です。

結論では、本論で説明した内容をもう一度整理して伝え、聞き手に**「これがベストな選択だ!」**「**納得できた!**」と思ってもらえるように工夫しましょう。

結論には、次のような要素を盛り込むと効果的です。

- ●本論で展開した説明の要約
- ●最終的に主張したい結論
- ●重要なキーワード
- ●聞き手に促したい行動
- ●今後の計画や展望
- ●プレゼンテーション終了後の連絡先

内容に応じて結論を最初に

プレゼンテーションの内容によっては、序論で先に結論を述べる方が効果的な場合もあります。最初に聞き手の注意を引き、なぜその結論に達したのか、最後まで興味深く聞いてもらう手法です。話の内容、聞き手の関心度、結論のインパクトなどを考慮しながら、どのようにストーリーを組み立てると最も効果的かを判断しましょう。

5 ストーリー組み立ての注意点

次のようなことに注意して、聞き手に最初から最後までプレゼンテーションに集中し、興味を持って耳を傾けてもらえるような効果的なストーリーを考えましょう。

■論理的に展開する

論理的であるということは、筋道が通っているということです。聞き手に納得してもらうためには、発表者の主張が論理的である必要があります。

具体的には、主張しようとする内容の根拠となる事実や事例などのデータが存在し、そのデータからどのようにして主張が導き出されたのか、理由付けが明確になっていることが重要です。

プレゼンテーション全体を通して主張にブレや矛盾がないことはもちろん、根拠となるデータやデータを裏付ける理由付けがあり、ストーリーを構成するそれぞれの要素の間に明確なつながりが感じられるような展開を考えましょう。

■一定の流れに従って展開する

発表者の主張をわかりやすく伝えるためには、プレゼンテーションに一定の流れを作ることが重要です。時間の経過にそって説明したり、最も伝えたいことから説明したり、問題点から原因をさかのぼって説明したりなど、聞き手が頭の中を整理しやすいように、前後関係を考えながら順をおって説明を展開しましょう。

■事実と意見を区別する

事実と発表者の意見を混在させないように注意します。事実を発表者の意見として認識したり、発表者の意見を事実として認識したりすると、意図したとおりに理解してもらえない可能性があります。また、意見を述べるだけで終わってはいけません。意見を述べる前に、まず事実を説明し、発表者がどうしてそう考えるのかを聞き手が理解できるようにします。

■メリットとデメリットを提示する

誰でも、自分にとってメリットのある意見は受け入れやすいものです。プレゼンテーションでは、発表者の主張を受け入れた場合に、聞き手にどんなメリットがあるのかを強調するとよいでしょう。

しかし、うまい話ばかりでは相手も不信感を抱きかねません。デメリットを隠すのではなく、あえて指摘したうえでメリットを提示すると、聞き手に納得してもらいやすくなります。ただし、提示するメリットやデメリットは、個人の主観に基づいたものではなく、客観的に評価されたものであることが大切です。

■要点をコンパクトに整理する

長々とした説明が続くと、聞き手は集中力を欠いてしまうだけでなく、プレゼンテーションの全体像が見えなくなり、発表者が何を主張したいのかがわかりにくくなってしまいます。説明が長くなりそうな場合は、一度、目次に戻ったり、話の区切りでまとめを入れたりして、聞き手が話の流れをつかみやすくなるように工夫しましょう。

また、特に強調したいポイントや複雑でわかりにくい内容などは、要点を簡潔に表現すると、聞き手の理解を助けるだけでなく、聞き手は話に集中しやすくなります。

<例>
●要点がわかりにくい

> 人手が不足しているだけでなく、組織間の連携がうまくいっておらず、品質基準も明確になっていないことが問題と考えられます。

●要点がわかりやすい

> 考えられる問題は3つです。1つ目は、人手が不足していること。2つ目は、組織間の連携がうまくいっていないこと。そして3つ目は、品質基準が明確になっていないことです。

■訴求ポイントを適度に露出させる

説明の裏付けとなる具体的な数値や事例ばかりを提示し過ぎると、聞き手の関心が散漫になり、本来の訴求ポイントが曖昧になる可能性があります。流れの中で訴求ポイントを適度に繰り返して、焦点の合ったストーリーを組み立てましょう。

■適切に時間を配分する

せっかく完璧なストーリーを組み立てても、説明にあまり時間をかけ過ぎると、聞き手の集中力を途切れさせることにもなりかねません。与えられた時間内で伝えるべきことを伝え、聞き手を飽きさせないプレゼンテーションを実施するためにも、どの部分にどのくらいの時間をかけて説明するべきか、効果的な時間配分を考えましょう。

■キーパーソンに訴えかける

複数の聞き手を前にプレゼンテーションを実施する場合は、キーパーソンが誰であるかによって、ストーリーの組み立て方法も変わってきます。

例えば、システムの新規導入について提案する場合、経営層が出席しているなら、コストなどの具体的な数値や経営面での効果が重要な説得材料になり、システム担当者が出席しているなら、機能面での優位性や導入後の運用管理のしやすさなどが説得材料になるでしょう。このように、目的を達成するためには誰を説得すべきかを考え、キーパーソンに訴えかける内容でプレゼンテーションを構成します。

POINT ▶▶▶

提案型プレゼンテーションと問題解決型プレゼンテーション

代表的なプレゼンテーションには、自分の考えたアイデアや企画などを提案する「提案型プレゼンテーション」と、聞き手が抱えている問題点に対して解決策を提示する「問題解決型プレゼンテーション」があります。

提案型プレゼンテーションの場合は、最初に何を提案したいのかを明らかにし、提案に至った背景や目的、提案内容、実現することによるメリットおよびデメリット、説得力を高めるための具体的な事例やデータなどを順番に説明していきます。

一方、問題解決型プレゼンテーションでは、最初に問題点を明らかにしたうえで、考えられる原因について説明し、続いて具体的な解決策、その裏付けとなるデータなどを説明していきます。

このように、それぞれの目的に合わせて、プレゼンテーションの流れを構成すると効果的です。

STEP3 本論の組み立て方法

1 全体から部分への組み立て

最初に全体について説明し、次に個々の詳細な説明に移るのが、本論の組み立ての基本です。全体像を明らかにしないままプレゼンテーションを始めてしまうと、聞き手は、発表者が話している内容が何に関するものなのか、どの部分を説明しているのかがスムーズに理解できません。

個々の説明に入る前に全体像を明らかにすることで、聞き手の受け入れ態勢を整えることができ、全体の流れの中で、発表者が今話している内容を理解しやすくなります。

全体から部分への組み立ての例には、次のようなものがあります。個々に説明すべき内容が多い場合は、部分をさらに細分化するとよいでしょう。

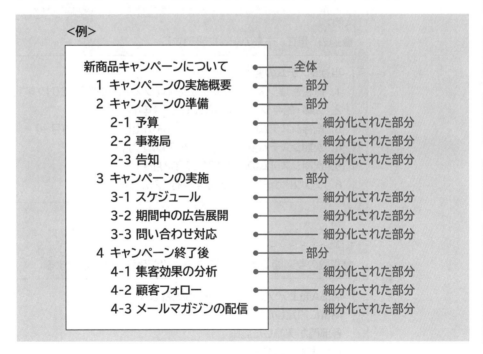

2 時系列による組み立て

「時系列」とは、事実や事象などを時間の流れにそって整理したり、配列したりした系列のことです。時間の経過と共に変化したり、前に起こったことが次に起こることの原因や動機付けとなっていたりする場合には、その内容を時系列で説明すると理解しやすくなります。

例えば、単に過去、現在、未来の順番に起こったことを説明するだけではありません。最初に設定した目標、目標を達成するために実施した施策、実施後の成果などを説明する場合にも、時系列でストーリーを組み立てるとよいでしょう。

プレゼンテーションでは、古い情報と新しい情報が前後したり、混在したりすると、聞き手は時間の流れを把握しにくくなり、混乱してしまいます。伝えたい情報を時系列で整理していくと、聞き手が話の内容を自然に理解でき、それぞれの事象の間にある関係性を明らかにすることもできます。

時系列による組み立ての例には、次のようなものがあります。

<例>

●過去、現在、未来の順番に整理する

当社システムの変遷について
1. 財務管理システムおよび販売管理システムの導入（2017年1月）
2. 人事・給与システムの導入（2019年4月）
3. 既存システムにおける問題点の洗い出し（2021年6月〜）
4. 次期システム要件の整理（2021年12月）
5. 次期システムの構築（2022年2月〜）
6. クラウドサービスへの完全移行（2023年〜）

<例>

●複数の要素間（目標・施策・成果）の関係性を明らかにする

商品A売上アップに向けた施策の見直しについて
期首に設定した目標
各部門が実施した施策
施策実施後の成果
アンケート結果に見る反省点
反省点に基づいた今後の課題
新たな施策

3　空間的・地理的な組み立て

プレゼンテーションで伝えたい情報の中には、時間的な流れを持つ情報だけでなく、建物や部屋の構造を表す空間的な広がりを持つ情報や、国内外の各地域にひも付いた情報などもあります。

例えば、ある建物について5階、1階、7階、4階の順番で説明したり、各支店の売上データについて福岡支店、札幌支店、大阪支店、静岡支店の順番で説明したりすると、聞き手は頭の中に描いた空間や地図上を行ったり来たりしなければならず、混乱します。上から下へ、手前から奥へ、北から南へ、東から西へと位置を意識して説明することで、整理された情報として伝えることができ、聞き手は空間をイメージしやすくなります。時間の流れと同じで、聞き手が自然に理解できるような流れを作るように心掛けましょう。

空間的・地理的な組み立ての例には、次のようなものがあります。

<例>
●空間的な組み立て

- オフィスビルのセキュリティ監視体制に関する調査結果に基づいて、1階から順番に10階まで各階の問題点を指摘する
- 店舗1階の各売り場が策定した商品戦略について、入口付近の売り場から奥に向かって順番に説明する

<例>
●地理的な組み立て

- 各支店の売上データから分析した各地域の消費傾向の違いを、北海道、東北、関東、東海、北陸、関西、中四国、九州の順番に説明する
- 世界の主要各国のセキュリティ被害状況について、日本を起点にして西側にある国から順番に説明する

4　因果関係による組み立て

「因果関係」とは、原因と結果のことです。プレゼンテーションでは、先に結果を提示して聞き手の興味を引きつけ、その結果がどのようにして引き起こされたのか、原因をさかのぼるのが一般的です。もちろん、先に原因を提示して、**「このようなことが原因で、どのような結果が引き起こされると思いますか?」**などと予測を促し、聞き手に問題意識を持たせることもできます。

この手法は、現在起こっている問題を指摘し、その原因を究明したうえで、適切な解決策を提案する場合などによく用いられます。

ただし、因果関係は必ずしも1対1であるとは限りません。ひとつの結果に対して複数の原因が存在していることもあれば、複数の因果関係が複雑にからみ合って引き起こされていることもあります。どのようにストーリーを組み立てれば、聞き手が因果関係を把握しやすいかを考えるようにしましょう。

因果関係による組み立ての例には、次のようなものがあります。

<例>

●複数の原因が存在している

ここ数年店舗Aの売上が伸び悩んでいる（結果）

⬇

品ぞろえがマンネリ化していて店舗に魅力がないからである（原因1）
周辺に大型のショッピングセンターが開業したからである（原因2）
マンションの建設ラッシュで客層が変化したからである（原因3）

<例>

●因果関係が連続している

得意先Aからクレームの電話が来た（結果）

⬇

昨日納品した商品に不良品が混在していたからである（原因）

⬇

最終的に当社は信用を失墜した（結果）

⬇

度重なる納品ミスを改善できなかったからである（原因）

<例>

●複数の因果関係が積み重なっている

システムダウンが頻繁に起こるのは（結果）、システムが老朽化しているからである（原因）

⬇

システム改修が間に合わなかったから（原因）、システムが老朽化した（結果）

⬇

必要な人材や予算を確保できなかったから（原因）、システム改修が間に合わなかった（結果）

5 帰納法による組み立て

「帰納法」とは、個別の事例をいくつか提示し、そこから結論を推測する手法のことです。帰納法は、主張したい内容の妥当性や正当性を裏付けるための効果的な手法ですが、偶然の結果を事例として取り上げても、説得力はありません。また、関連するすべての事例を網羅することも不可能です。

したがって、結論を裏付けるうえで適切な事例かどうか、参照する事例の数は十分かどうかを検証し、自分にとって都合のよい事例だけを取り上げることのないように注意しましょう。

帰納法による組み立ての例には、次のようなものがあります。

<例>
●事例を提示してから結論を述べる

キャンペーンの実施期間中、A店舗は来客数が増えた（事例1）

キャンペーンの実施期間中、B店舗も来客数が増えた（事例2）

キャンペーンの実施期間中、C店舗も来客数が増えた（事例3）

このため・・・
来週キャンペーンを実施するD店舗の来客数は増えるだろう（結論）

<例>
●結論を提示してから理由付けを行う

2021年の顧客満足度ランキングでベスト1に選ばれたD社は、2022年の売上が増えるだろう（結論）

なぜなら・・・
2020年の顧客満足度ランキングでベスト1に選ばれたA社は、2021年の売上が増えた（事例1）

2019年の顧客満足度ランキングでベスト1に選ばれたB社は、2020年の売上が増えた（事例2）

2018年の顧客満足度ランキングでベスト1に選ばれたC社は、2019年の売上が増えた（事例3）

6　PREP法による組み立て

「PREP法」とは、まず結論を述べ、理由を説明し、事例を挙げた後、最後にもう一度結論を繰り返す手法です。結論を先に述べるだけでなく繰り返して発表を終えることで、聞き手に強い印象を持たせることができます。具体的には、次の❶～❹の流れで話を組み立てます。

❶ Point（結論・ポイント）	～である
❷ Reason（理由）	なぜなら
❸ Example（具体例）	例えば
❹ Point（再び結論）	よって～なのである

PREP法のメリットは2つあります。1つ目は必要な情報が理解しやすい順に並んでいるため、内容の理解が深まることです。2つ目は起承転結と違って最初に結論を言うことで「初頭効果」が働くため、先に述べた結論が記憶に残りやすいということです。

初頭効果

参考

　人は話の最初をよく覚えているという特性を「初頭効果」といいます。

PREP法を使った例には、次のようなものがあります。

<例>
● PREP法による組み立て

❶ Point（ポイント）	ホームページのアクセス向上には、「頻繁な情報の更新」「スマートデバイス対応」「SEO対策」の3つの法則を軸にすることが重要である。
❷ Reason（理由）	なぜなら、当社のホームページも、最近この3つの法則に従って修正したところ、今月に入って順調にアクセスを伸ばしているからである。
❸ Example（具体例）	例えば、リニューアル前は、500に満たなかったアクセスが、たった1か月で1000アクセスを超える実績を叩き出した。
❹ Point（結論）	よって、ホームページのアクセス向上にあたっては、この3つの法則が有用なのである。

1 設計シートとは

「設計シート」とは、プレゼンテーション資料を作成する前に、収集してきた情報や組み立てたストーリーなどを一度整理し、プレゼンテーションの全体像を把握するためのものです。設計シートを利用することで、情報の過不足を見直したり、検討の余地を発見したりして、より効果的なプレゼンテーションを目指すことができます。

設計シートの代表的なフォーマットは、次のとおりです。

＝設計シート＝

❶ タイトル	
❷ 実施日時	
❸ 目的	
❹ 出席予定者	
❺ 所要時間	
❻ 実施方法	
❼ 会場	
❽ 訴求ポイント	
❾ プレゼンテーションの構成	
❿ 備考	

❶ タイトル
プレゼンテーションのタイトルを記入します。

❷ 実施日時
プレゼンテーションを実施する日時を記入します。

❸ 目的
プレゼンテーションの目的を具体的に記入します。

❹ 出席予定者
プレゼンテーションの出席予定者の人数や所属部署、氏名などを記入します。

❺ 所要時間
プレゼンテーションの所要時間を記入します。挨拶や質疑応答などに必要な時間もあわせて記入します。

❻ 実施方法
対面またはオンラインであるか、プレゼンテーションの実施方法を記載します。パソコンやマイク、外部ディスプレイなどプレゼンテーションのツールを記入します。

❼ 会場
オンラインの場合は配信元の場所、対面の場合はプレゼンテーションを実施する会場を記入します。

❽ 訴求ポイント
プレゼンテーションを通じて、聞き手に何を訴えかけたいのかを具体的に記入します。

❾ プレゼンテーションの構成
序論、本論、結論で説明する内容を記入します。

❿ 備考
その他の特記事項や注意事項を記入します。

2 設計シートの作成例

例えば、社内の企画会議でこれから開発する新商品を提案する場合は、次のような設計シートを作成します。考慮すべきポイントを確認しましょう。

＝設計シート＝

❶	タイトル	新商品「新肌感クールシャツ」開発提案書
	実施日時	2021年10月1日（金）10：30〜11：30
❷	目的	新商品の開発を提案し、開発への理解と賛同を得る
❸	出席予定者	広報部、営業部、製造部、流通部の各部課長および担当者　約15名
❹	所要時間	約40分（質疑応答 約15分を含む）
	実施方法	オンライン ハードウェア：ノートパソコン（カメラ付属）・マイク アプリケーションソフト：Teams、PowerPoint 2019
❺	会場	自宅
❻	訴求ポイント	クールビズに対応する新商品の提供 業界初のハイテク新素材のシャツを投入し、売上5,000万円アップを目指す
❼	プレゼンテーションの構成	【序論】 1. タイトル 　プレゼンテーションのタイトル、発表者の氏名、部署名などを紹介する。 2. 目次 　プレゼンテーションの流れを確認する。 3. 社会情勢 　クールビズに対する企業の動向、意識の変化を説明する。 4. 業界動向 　競合他社（A社、B社、C社）のクールビズ関連商品について説明する。 【本論】 5. 新商品の概要 　新商品のシリーズ名、ラインアップ、商品アイテムなどの概要を説明する。 6. 新商品の主要ターゲット 　クールビズ導入に躊躇していた50〜60代の男性ビジネスマンに絞り込んだ理由と狙いを説明する。 7. アンケート調査結果 　50〜60代の男女に対して行ったアンケート調査結果について説明する。自分やパートナーのビジネスウェアに求めるもの、気にしていることを視覚化して明示する。 8. 開発コンセプト 　アンケート調査結果をもとに企画した3つのコンセプトを説明する。 　①「臭いにサヨナラ」 　②「着崩さずにちゃんと着る」 　③「アイロンの要らない実用性」

9. 商品化のコンセプト ①「臭いにサヨナラ」
　　年代的に加齢臭や口臭を気にする人が多いことから、消臭がポイントであることを説明する。
10. 商品化のコンセプト ②「着崩さずにちゃんと着る」
　　年代的に役職についている人が多いため、着崩れしないことがポイントであることを説明する。
11. 商品化のコンセプト ③「アイロンの要らない実用性」
　　アイロンの必要がなく、家事の負担が減ることを説明する。
12. ハイテク新素材の特長
　　コンセプトを実現するための新素材の特長について説明する。
　　・汗を素早く吸収・拡散できる
　　・消臭効果が持続して臭わない
　　・汗じみが目立たない
　　・洗濯しても型崩れしない
　　・着用しているのを忘れるほど軽い
13. ハイテク新素材の評価
　　新商品を試着した社内モニター調査結果について説明する。
　　従来商品と比較した感想、競合商品と比較した感想を明示する。
14. 競合商品との差別化のポイント
　　競合商品（商品A、商品B、商品C）と比較した当社商品の優位性を説明する。
15. 開発スケジュール
　　今後の開発スケジュール、発売予定時期について説明する。
16. 採算プラン
　　開発費用および売上見込を試算した採算プランについて説明する。
　　生産個数および予定価格などについて複数の採算プランを提示する。

【結論】
17. 販売計画
　　「売上5,000万円アップ」を実現するための具体的な販売目標を明示する。
　　営業部門との連携を確認する。
18. 拡販施策
　　販売目標を実現するために効果的なプロモーションが必要であることを説明する。
　　広報部門との連携を確認する。
19. 中長期計画
　　新卒世代、30代働き盛り世代に向けた今後の商品化の展望について説明する。
20. 問い合わせ
　　新商品に関する問い合わせ窓口（各グループリーダー、内線）を明示する。

❽ 備考	新商品のサンプルを用意する

❶ タイトル

他のプレゼンテーションと区別するため、ひと目で内容を把握できるようなタイトルを付けます。聞き手の印象に残りやすいように、端的な表現を心掛けましょう。

❷ 目的

最終的に目的を達成できなければ、プレゼンテーションは成功とはいえません。目的はプレゼンテーションの構成を考える際の指針となるため、必ず明確にしておきます。

❸ 出席予定者

聞き手がどんな人であるかによって、プレゼンテーションで伝えるべき内容は変わってきます。出席者の氏名だけでなく、所属する会社や部署、役職なども、わかる範囲でできるだけ具体的に記入します。また、出席者の人数も必要な情報です。忘れずに記入しておきます。

❹ 所要時間

質疑応答に必要な時間は、プレゼンテーションの目的や聞き手の知識レベルによっても大きく変わります。事前に必要な時間を予測し、決められた時間内にプレゼンテーション全体を終了できるように、時間配分を考えておきます。

❺ 会場

オンラインの場合は、自宅や会社など、発表者の配信元を記入します。
対面の場合は、会場の広さや設備によって、準備すべきものや心構えも違ってきます。会場の広さ（収容人数、平米数など）や発表に必要な設備の有無もあわせて記入しておきます。

❻ 訴求ポイント

プレゼンテーションで伝えたいことの要点を改めて整理しつつ、プレゼンテーションの内容が独りよがりの一方的なものにならないように、聞き手のニーズと訴求ポイントが合致しているかどうかを確認します。

❼ プレゼンテーションの構成

プレゼンテーションの全体像が客観的につかめるように、流れにそってプレゼンテーション資料の見出しや概略を記入します。また、プレゼンテーション全体を通して、訴求ポイントにブレや矛盾が生じていないか、ストーリー展開に無理がないかどうかを確認します。

❽ 備考

会場に持ち込まなければならない機器や、プレゼンテーションの準備に役立ちそうな情報、忘れてはならない情報などを記入しておきます。

Case Study　設計シートでストーリーを考えよう

実際のビジネスシーンを想定して、プレゼンテーションの進め方について考えてみましょう。

> 家電製品の製造および販売を行うFエレクトロニクス株式会社の商品企画部に所属する森田和樹さんは、キッチン家電の商品企画を担当しています。
> 上司から「来月行う販売店様向け新商品発表会で、蓄電機能付き炊飯器のプレゼンテーションを頼むよ。」と指示された森田さんは、新商品を効果的にPRするためのストーリーを考え、設計シートを作成しました。

さて、森田さんはどのようなストーリーを組み立てたのでしょうか。

✕　この事例の悪いところは？

森田さんが作成した設計シートは次のとおりです。この設計シートを上司に確認してもらったところ、もう一度作り直すように指示されました。
どのような点に問題があるのかを考えてみましょう。

【森田さんが作成した設計シート】

=設計シート=

タイトル	新商品紹介
実施日時	2021年10月21日（木）13:00〜14:00
目的	新商品を理解してもらう
出席予定者	約50名
所要時間	約20分
実施方法	対面（講義・講演形式） ノートパソコン（PowerPoint 2019）を使用
会場	本社5階セミナールーム（70名収容） 外部ディスプレイ完備
訴求ポイント	これまでにない新機能の魅力
プレゼンテーションの構成	●新商品のターゲット ●新商品のコンセプト ●新商品の概要 ●新商品で採用した最新テクノロジー ●新商品の優位性 ●プロモーション計画 ●販売目標
備考	・商品概要をまとめたパネルを会場後方に設置する ・サンプル商品を用意する（3台）

◎ こうすれば良くなる！

森田さんが作成した設計シートは具体性に欠け、漠然としています。聞き手に新商品のよさが明確に伝わるように、どのような流れで、何について、どのような内容を説明するのかを書き出す必要があります。

森田さんは、上司のアドバイスを受けながら、設計シートを作り直しました。作り直した設計シートにそって、どのようなことに注意したらよいかを確認しましょう。

【森田さんが作り直した設計シート】

＝設計シート＝

❶ タイトル	新商品 蓄電機能付き炊飯器「JIRIKI釜」のご紹介
実施日時	2021年10月21日（木）13：00～14：00
❷ 目的	新商品の魅力を理解してもらい、販売活動への協力を得る
❸ 出席予定者	販売会社の部課長および担当者、 量販店の販売担当者および販売責任者 約50名
❹ 所要時間	約20分（質疑応答 約5分を含む）
実施方法	対面（講義・講演形式） ノートパソコン（PowerPoint 2019）を使用
会場	本社5階セミナールーム（70名収容） 外部ディスプレイ完備
❺ 訴求ポイント	「JIRIKI釜」によるブランド力の強化 防災対策に有効な、炊飯時のエネルギーを蓄電できる新商品を投入し、 各販社様で炊飯器の売上10%アップ（前年比）を目指す
❻ プレゼンテーションの構成	【序論】 ❼ 1. タイトル 　プレゼンテーションのタイトル、発表者の氏名、部署名などを紹介する。 2. 目次 　プレゼンテーションの流れを確認する。 3. 業界動向 　炊飯器市場全体の売れ行きなどを確認する。 ❽ 4. 新商品誕生の背景 　アンケート調査結果から、防災対策に有効な、炊飯時のエネルギーを 　蓄電できる家電へのニーズが高まっていることを説明する。

【本論】
5. 新商品のターゲット
   新商品の主要ターゲットを明確にする。
6. 新商品のコンセプト
   新商品のコンセプトを明確にする。
   ・コンセント要らずの自力炊飯
   ・超軽量&コンパクト
   ・プロもうなる炊き加減

❾

7. コンセント要らずの自力炊飯
   コンセプトのひとつである「コンセント要らずの自力炊飯」を象徴する機能について説明する。
8. 超軽量&コンパクト
   コンセプトのひとつである「超軽量&コンパクト」を象徴する形状およびデザインについて説明する。
9. プロもうなる炊き加減
   コンセプトのひとつである「プロもうなる炊き加減」を象徴する性能について説明する。
10.新商品の概要
   商品名や形状、デザイン、主な機能、価格など、新商品の概要を説明する。
11.新商品で採用した最新テクノロジー
   「蓄電機能付き」を実現した最新テクノロジーについて紹介する。

【結論】
12.新商品の優位性
   アンケート調査結果をもとに、消費者ニーズへの対応状況を表にまとめ、新商品の優位性を明らかにする。
13.プロモーション計画
   新商品の販売支援内容を説明する。
14.販売目標
   新商品の販売目標と訴求ポイントである「各販社様における炊飯器の売上10%アップ（前年比）」を主張する。

❿

15.問い合わせ
   新商品に関する問い合わせ先と販売支援活動に関する問い合わせ先を説明する。

備考	・商品概要をまとめたパネルを会場後方に設置する ・サンプル商品を用意する（3台）

❶ 内容を把握しやすいタイトルを付ける

「新商品紹介」では、何の商品紹介なのかがわかりません。特に複数のプレゼンテーションが実施される場合には、他のプレゼンテーションと区別できるようにする必要があります。ひと目で内容が把握できるように、わかりやすいタイトルを付けましょう。

❷ 目的を明確にする

販売店様向け新商品発表会の場合、ただ**「新商品を理解してもらう」**だけでは、ビジネス上の目的を達成できません。プレゼンテーションの終了後、聞き手にどのように行動してもらいたいかを考える必要があります。プレゼンテーションを意味のあるものにするためにも、また、途中で目的を見失わないためにも、目的を明確にしておきましょう。

❸ 聞き手の立場を明らかにする

聞き手のニーズに応えるプレゼンテーションを実施するためには、聞き手の人数だけでなく、聞き手の立場をできるだけ具体的に把握しておくことが重要です。

❹ 質疑応答の時間も明記しておく

プレゼンテーションの制限時間内に質疑応答が含まれるかどうかで、時間配分が変わってきます。質疑応答が想定される場合は忘れずに記入しておきましょう。

❺ 何を訴えたいのかを具体的にする

「これまでにない新機能の魅力」だけでは具体性に欠け、聞き手に最も伝えたいことがわかりません。訴求ポイントはプレゼンテーションの中核になるものであるため、最初に明確にしておく必要があります。商品のどんな魅力を伝えるべきか、その魅力が最終的に何につながるのかを具体的に記入しましょう。

❻ 説明の流れがわかるようにする

プレゼンテーション全体を序論、本論、結論の3つの要素に分け、主張すべきポイントを整理して具体的に書き出しましょう。

❼ 前置きに当たる部分を作る

プレゼンテーションでは、最初に自己紹介をしたり、これから話す内容を告げたりして、聞き手の関心を高めます。また、冒頭で目次を提示すると、これから始まるプレゼンテーションの全体像がわかり、自然な形で本論へとつなげることができます。

❽ 背景や課題を整理する

自社商品をPRする前に業界の現状を整理すると、現状を認識していない聞き手に、問題意識を持ってもらうことができます。

❾ 重要なポイントは時間を割いて説明する

商品の機能や性能、形状は、コンセプトに基づいて開発されたものです。したがって、聞き手にコンセプトを理解してもらうことは、商品の魅力を伝えるうえで大切です。重要なポイントは項目を分け、時間を割いて丁寧に説明すると、聞き手の記憶に残りやすくなります。

❿ 問い合わせ先を明らかにしておく

プレゼンテーションの最後では、今後質問があった場合などに窓口となる連絡先を案内します。

■第4章■
訴求力の高い資料を作成しよう

STEP 1　プレゼンテーション資料の役割

1　プレゼンテーション資料の役割

「**プレゼンテーション資料**」とは、プレゼンテーションの実施中に、発表者と聞き手が同時に見ながら説明を進められるような資料のことです。事前に作成した資料を外部ディスプレイやパソコンの画面に表示して、それを指し示しながら説明することで、聞き手との間に共通の認識を持つことができます。

プレゼンテーション資料は、プレゼンテーションの成功を後押しする重要なツールです。わかりにくいプレゼンテーション資料は、伝えたいことが正確に伝わらないばかりか、聞き手の印象を悪くします。これでは、どんなに発表内容がすばらしくても、どんなに発表者が話上手でも、逆効果になってしまいます。

また、プレゼンテーションの時間は限られています。聞き手は、提示された資料にじっくり目を通したり、疑問に思ったことをすぐに質問したりすることができません。したがって、プレゼンテーション資料には、主張したい内容をできるだけ簡潔に表現する必要があります。

プレゼンテーション資料の主な役割は、次のとおりです。

- ●プレゼンテーションの目的や内容を聞き手と共有する
- ●聞き手の関心を高める
- ●目からの情報によって聞き手の理解を助ける
- ●短時間で効率的に情報を伝える
- ●発表者の説明に信頼感や親近感、リアリティを与える
- ●プレゼンテーション全体にメリハリを付ける
- ●他のプレゼンテーションと差別化する

スライドの枚数

スライドの切り替えのタイミングは1〜2分に1枚が最適です。スライドの枚数が多過ぎて、すぐにスライドが切り替わると、聞き手に慌しい印象を与えるだけでなく、聞き手が理解できないままプレゼンテーションが進んでしまうことになりかねません。逆にスライドの枚数が少な過ぎて、なかなかスライドが切り替わらないようだと、プレゼンテーションが単調になり、聞き手に退屈な印象を与えてしまいます。

プレゼンテーション資料の大原則

1 第1印象となる表紙スライド

プレゼンテーションで最初に聞き手の目に入るのが、**「表紙スライド」**です。プレゼンテーション資料も第一印象が重要です。プレゼンテーションのタイトルがわかりにくかったり、文字が小さ過ぎて読みにくかったり、見栄えが悪かったりすると、聞き手の興味を引きつけることができません。

表紙スライドは、聞き手の期待感を高める重要な役割を果たすものであるという認識を持ち、タイトルのわかりやすさ、文字の読みやすさはもちろんのこと、インパクトのあるデザインを心掛けましょう。

また、表紙スライドには、タイトルだけでなく、プレゼンテーションの実施日、会社名、所属、発表者の氏名なども明記します。

◆インパクトがない
　発表者の属性が明記されていない

> 2022年秋冬の限定企画商品
> コーヒー飲料2種
> ネーミング提案
>
> 2022年4月15日

◆インパクトがある
　発表者の属性が明記されている

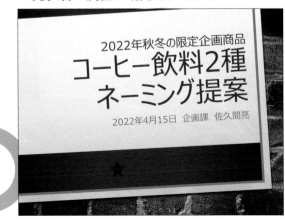

> 2022年秋冬の限定企画商品
> コーヒー飲料2種
> ネーミング提案
>
> 2022年4月15日　企画課　佐久間亮

目次スライドや中表紙スライド

スライドの枚数が多い場合には、最初にプレゼンテーションの全体像を示す「目次スライド」を付けたり、話の区切りのよいところで「中表紙スライド」を付けたりするとよいでしょう。プレゼンテーション全体にメリハリが付き、聞き手が頭の中を整理しやすくなります。

ただし、目次スライドには、すべてのスライドの見出しを入れる必要はありません。全体の流れがわかるように、主張したい部分を抽出し、簡潔に記載するようにしましょう。

2 簡潔なスライドの見出し

発表者が何について話しているのかがわかるように、すべてのスライドに必ず簡潔でわかりやすい見出しを付けます。

スライドに見出しを付ける際には、次のようなことに注意しましょう。

- ●1行に収める
- ●長くなり過ぎないようにする
- ●最も伝えたい内容を凝縮する
- ●説明文にならないようにする
- ●できるだけ体言止めにする
- ●インパクトのある言葉を選ぶ

◆スライドの見出しが長過ぎてわかりにくい

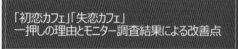

「初恋カフェ」「失恋カフェ」
一押しの理由とモニター調査結果による改善点

●理由
　総合で最高ポイント
　インパクトと話題性を優先

●改善点
　構成内容物の再検討
　魅力的なパッケージとコピーの考案

◆スライドの見出しが簡潔でわかりやすい

「初恋カフェ」「失恋カフェ」

●理由
　総合で最高ポイント
　インパクトと話題性を優先

●改善点
　構成内容物の再検討
　魅力的なパッケージとコピーの考案

3 統一感のあるスライド

レイアウトや配色がバラバラだと、散漫な印象になり、重要なポイントが伝わりにくくなるため、全体に統一感のあるデザインにしましょう。スライドのデザインをそろえるだけでなく、スライドに配置する図形やグラフのデザイン（色、線の太さ、立体や影の効果など）をそろえることも統一感を持たせるポイントです。

◆スライドごとに異なるデザインで、落ち着きがない印象

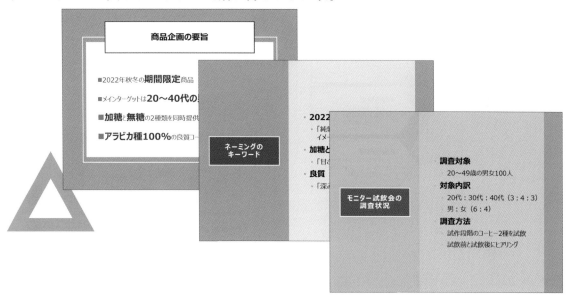

◆すべてのスライドを通して統一感があり、落ち着いた印象

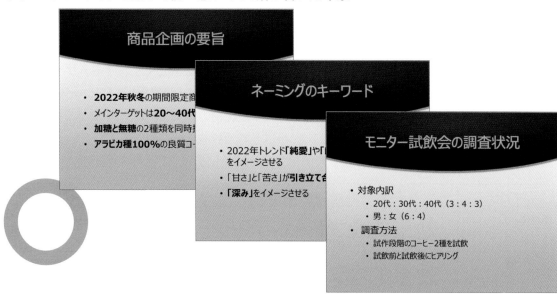

4　視線の流れと情報の配置の関係

一般的に人の視線は、左から右、上から下に流れます。また、円状に配置された情報は、時計と同じで右回りに視線が流れます。プレゼンテーション資料では、この視覚原理に従って、聞き手の視線が自然に流れるように各要素を配置します。

◆視線の流れに逆らっていて、見にくい

◆自然に視線が流れ、見やすい

5　適切なフォントとフォントサイズ

「**フォント**」は、プレゼンテーション資料の印象を大きく左右するデザイン要素のひとつです。日本語フォントには、大きく分けて「**明朝系**」と「**ゴシック系**」の2種類があります。一般的に、明朝系は印刷物の本文に、ゴシック系はタイトルや見出しなどに使われます。フォントはそれぞれ独自の雰囲気を持っているので、伝えたい内容に合わせて適切なフォントを使い分けることが大切です。

フォント名	フォントの例	雰囲気
明朝体	効果的なプレゼンテーション	繊細、伝統的
ゴシック体	効果的なプレゼンテーション	力強い、現代的

フォント名	フォントの例	雰囲気
丸ゴシック体	効果的なプレゼンテーション	かわいい、現代的
正楷書体	効果的なプレゼンテーション	優しい、真面目
教科書体	効果的なプレゼンテーション	理知的、フォーマル
行書体	効果的なプレゼンテーション	和風、柔らかい
ポップ体	効果的なプレゼンテーション	にぎやか、楽しい

また、「フォントサイズ」にも注意が必要です。人の視線は、自然に大きな文字の方に流れます。タイトルや見出し、重要度の高い言葉などは、フォントサイズを大きくすると、聞き手が認識しやすくなります。

特に見出しに相当する部分は、本文と同じフォントサイズでは埋没してしまいます。見出しと本文の関係を考慮し、全体のバランスに注意しながら、適切なフォントサイズを選びましょう。

◆ 見出しが本文に埋没している

ターゲットがこだわるポイント

自分らしさ
自分に似合うモノを知っている
自分のスタイルを持っている
本物
あれこれたくさんのモノを買わない
納得できるモノは高価でも購入する
がんばる自分へのご褒美感覚で購入する
リラクゼーション
仕事と休息を上手に切り分けている
自分をいたわる商品に関心が高い
ストレスの上手な解消法を探している

◆ 見出しが強調され、メリハリがある

ターゲットがこだわるポイント

◆自分らしさ　　　　自分に似合うモノを知っている
　　　　　　　　　　自分のスタイルを持っている

◆本物　　　　　　　あれこれたくさんのモノを買わない
　　　　　　　　　　納得できるモノは高価でも購入する
　　　　　　　　　　がんばる自分へのご褒美感覚で購入する

◆リラクゼーション　仕事と休息を上手に切り分けている
　　　　　　　　　　自分をいたわる商品に関心が高い
　　　　　　　　　　ストレスの上手な解消法を探している

箇条書きの見出しは本文よりやや大きく
スライドの見出しは最も大きく

6　プレゼンテーションの内容と色の関係

「色」もまた、プレゼンテーション資料の印象を大きく左右する要素のひとつです。色には、伝えたい内容の全体像を視覚的に印象付ける力があります。例えば、現状の問題点を指摘するスライドに、ピンクの文字が並んでいたらどうでしょうか。聞き手は不自然な印象を受けるだけでなく、場合によっては不愉快に感じたり、不信感につながったりする可能性もあります。

プレゼンテーション資料では、伝えたい内容と色そのものが持つ雰囲気を一致させるようにしましょう。例えば、環境対策に関する提案ではグリーン系、ウェディングイベントの企画では白やピンク系など、伝えたい内容に適した色を選択することで、取り扱っているテーマをイメージしやすくなります。

◆内容と色のイメージが一致していない

◆内容と色のイメージが一致している

7 文字色と背景色の関係

プレゼンテーションの内容と色の関係だけでなく、文字の読みやすさに配慮することも大切です。例えば、濃い色の背景に濃い色の文字を重ねたり、白地の背景に薄い色の文字を重ねたりすると、読みにくくなります。

◆文字色と背景色のコントラストが弱く
　読みにくい

◆文字色と背景色のコントラストが強く
　読みやすい

8 適度な情報量

プレゼンテーション資料を作成するときは、「1スライド1メッセージ」を心掛けます。1枚のスライドにたくさんの情報を詰め込み過ぎると、圧迫感があって読みにくいだけでなく、要点がわかりにくく、聞き手の理解を妨げます。1スライドの情報量を絞って、「何を伝えたいのか」「このスライドで何を言いたいのか」を明確にしましょう。1スライドの情報量を減らせばフォントサイズを大きくすることができ、すっきりとわかりやすいスライドにすることができます。

また、資料に長い文章が書かれていると、聞き手は読むことに集中しなければならず、発表者の話を聞き逃してしまうだけでなく、内容を理解するのに時間がかかってしまいます。ひと目でスライド内に何が書いてあるのかを理解できるように、「**単語**」や「**短文**」を使うとよいでしょう。

◆ 情報量が多く、読みにくい

商品企画の要旨

- 2022年秋冬の<u>期間限定</u>商品
  - 「今しか買えない」心理的効果が生まれる
- メインターゲットは<u>20～40代の男女</u>
  - 通年定番商品の消費者層に訴求する
- 加糖と無糖の<u>2種類</u>を同時提供
  - 売上相乗効果をねらう
- アラビカ種<u>100%</u>の良質コーヒーを提供
  - 安価大量仕入の実現によりコスト削減をはかる

◆ 情報量が減って、わかりやすい

商品企画の要旨

2022年秋冬の**期間限定**

ターゲットは**20～40代の男女**

加糖と無糖の2種類

アラビカ種100%の良質コーヒー

スライドのサイズ

PowerPointでは、スライドのサイズを標準（4：3）とワイド画面（16：9）に合わせて作成できます。
近頃のパソコンはワイド画面が主流であるため、スライドのサイズをワイド画面（16：9）で作成するとよいでしょう。ワイド画面（16：9）で作成すると、スライドの再生時に画面にぴったり収まります。
また、オンラインの場合は、使用するWeb会議システムに合わせてスライドのサイズを選択するとよいでしょう。例えばZoomの場合、発表者のカメラ画像がスライドに重なる場合があります。カメラ画像が重なる位置に重要な情報を配置しないようにするなど配慮が必要です。

● 標準（4：3）

● ワイド画面（16：9）

読む資料から見る資料へ

1 視覚に訴えることの重要性

プレゼンテーションで使用する資料は、文字だけで構成された**「読む資料」**よりも、聞き手の視覚に訴える資料、すなわち**「見る資料」**を作成すると効果的です。視覚に訴えることによって、最後まで聞き手を飽きさせず、発表内容に意識を集中させることができます。その結果、好印象を与え、聞き手の記憶に残りやすくなります。したがって、プレゼンテーション資料を作成する際は、どのような見せ方をすると、主張したい内容が正確かつ短時間で伝わるかを考え、**「魅せる」**つもりで作成するとよいでしょう。また、自分がどう見せたいかではなく、あくまでも聞き手の立場に立ち、どう見えるとよりわかりやすいかを考えるようにします。

2 視覚的な表現方法

視覚に訴える表現方法には、次のようなものがあります。表現方法の選択を誤ると、訴求力が半減し、かえってわかりにくくなってしまうこともあります。それぞれの表現方法の特徴を知り、説明する内容に応じて適切に使い分けましょう。

表現方法	特徴
箇条書き	●簡潔な文章で要点だけを抽出できる ●重要なポイントを強調できる
表	●多くの項目や細かい数値などを整理できる ●データ同士のまとまりが明確になる ●データ間の比較ができる
グラフ	●数値を視覚的に表現できる ●数値の大きさや動きを瞬時に判断できる ●棒グラフ、円グラフ、レーダーチャートなど、複数の表現方法から選べる
イラスト	●主張したい内容に合った雰囲気を演出できる ●表現力豊かな資料になる
写真	●文字だけで伝わりにくい内容を具体的かつ詳細に伝えることができる ●リアリティを与え、真実を証明できる
図解	●複数の要素間の関係を視覚的にわかりやすく表現できる ●文字だけでは伝わりにくい複雑な関係性をひと目で表現できる
色	●重要なポイントを強調できる ●単調になりがちな資料にメリハリを与える ●主張したい内容に合った雰囲気を演出できる

STEP4 箇条書きによる表現方法

1 箇条書き

「**箇条書き**」は、要点を整理し、簡潔に説明するのに便利な表現方法です。

文章を箇条書きにすると、要点が抽出された短文になり、聞き手は発表者が伝えようとしている内容をすばやく把握できます。また、情報の優先順位を示すことができる、発表者がひとつずつ順をおって説明できるといったメリットもあります。

◆文章は読まないと理解できない

25～40歳のキャリア女性の特徴

一般OLの1か月の可処分所得が約5～6万円であるのに
対して、彼女たちは約10～12万円とほぼ倍以上も自由に
使えるお金を持っている。
また、彼女たちは、職場の上司や同僚、学生時代の友人
との広い交際範囲を持っており、クチコミ力がとても強
いと考えられる。
彼女たちは、金銭的余裕と人的ネットワークにおいて、
トレンドを生み出すリーダー的存在であるといえる。

◆箇条書きは簡潔でわかりやすい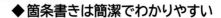

25～40歳のキャリア女性の特徴

- 可処分所得が高い

- クチコミ力が強い

- トレンドを生み出すリーダー的存在

箇条書きにする際は、次のようなことに注意しましょう。

- ●ひとつの箇条書きにひとつの要点を述べる
- ●各項目はできるだけ1行以内で収める
- ●冗長な修飾語や接続詞は削除する
- ●文体は「である調」、または体言止めにする
- ●句読点の扱いを統一する
- ●重要な語句は括弧で囲む
- ●情報のまとまりを考え、必要に応じて階層化する
- ●必要に応じて、重要度や時系列の順番に並べ替える

2 箇条書きの階層化

文章を箇条書きにする際は、情報を大項目、中項目、小項目などに分類し、それぞれの項目内で内容をそろえて記述しましょう。フォントサイズやインデントを適切に設定すると、項目のまとまりをひと目で把握できるようになります。

◆ 箇条書きのレベルがすべて同じで
内容を把握しにくい

スキル診断システム
「FITS2021」

▷ 派遣登録者のスキルを診断
▷ 登録者のスキルを評価
▷ 登録者の基本情報も登録
▷ 各専門分野に対応
▷ ITスキル、語学スキル、医療スキルなど
▷ 多彩なスキルカテゴリを用意
▷ ITスキル＝タイピングレベルからネットワークレベルまで
▷ 語学スキル＝日常会話から通訳・翻訳まで
▷ 医療スキル＝介護支援知識から専門医療知識まで

◆ 箇条書きが階層化されていて
内容を把握しやすい

スキル診断システム
「FITS2021」

▷ 派遣登録者のスキルを診断
　▷ 登録者のスキルを評価
　▷ 登録者の基本情報も登録
▷ 各専門分野に対応
　▷ ITスキル、語学スキル、医療スキルなど
▷ 多彩なスキルカテゴリを用意
　▷ ITスキル＝タイピングレベルからネットワークレベルまで
　▷ 語学スキル＝日常会話から通訳・翻訳まで
　▷ 医療スキル＝介護支援知識から専門医療知識まで

3 行頭記号の設定

箇条書きの先頭には、「行頭記号」を付けると、メリハリが出て読みやすくなります。順序を示す箇条書きには「①②③・・・」、注釈を示す箇条書きには「※」のように、内容に合わせて適切な行頭記号を付けると、よりわかりやすくなります。ただし、1枚のスライドの中で行頭記号を多用すると、かえってわかりにくくなることもあるので注意が必要です。

◆ 手順が明確になる

電話応対マナー　電話の受け方

① 電話が鳴ったらすぐに出る
② 相手を確認する
③ 用件を聞く
④ 用件を復唱する
⑤ 受話器を置く

── 行頭記号を連番にする

新入社員マナー研修

STEP 5 表による表現方法

1 表

「表」は、多くの項目を整理したり、項目同士を比較したりするのに便利な表現方法です。表にすると、文章で表現するよりも要点を簡潔に伝えることができるだけでなく、細かい数値や内容も把握しやすくなります。

箇条書きにしたものを表にしてみると、よりわかりやすくなることがあるように、同じ内容でも異なる見え方になります。

◆箇条書きは同じ項目を比較しにくい

タイプ別除湿機比較表

◆ **コンプレッサー式**
- 除湿方法：空気を冷やして水分を取り除く。
- 長所：高温時での除湿力が大きい。消費電力が小さい。
- 短所：本体が大きめ。低温時に性能が低下する。

◆**デシカント式**
- 除湿方法：乾燥剤で水分を取り除く。
- 長所：低温時での除湿力が大きい。本体がコンパクト。
- 短所：消費電力が大きい。室温が上がりやすい。

◆**ハイブリッド式**
- 除湿方法：コンプレッサー方式とデシカント方式を併用し水分を取り除く。
- 長所：季節を問わず使える。
- 短所：価格が高い。

◆表は同じ項目を比較しやすい

タイプ別除湿機比較表

タイプ	コンプレッサー式	デシカント式	ハイブリッド式
除湿方法	空気を冷やして水分を取り除く	乾燥剤で水分を取り除く	コンプレッサー式とデシカント式を併用し水分を取り除く
長所	高温時の除湿力が大きい。消費電力が小さい	低温時の除湿力が大きい。本体がコンパクト	季節を問わず使える
短所	本体が大きめ。低温時に性能が低下する	消費電力が大きい。室温が上がりやすい	価格が高い

2 表にするメリット

表にするメリットと作成例を確認しましょう。

■ 項目の内容を整理できる

募集要項の概要

	推薦入学試験	一般入学試験
募集人員	●普通科　180名	
出願の条件	2022年3月中学校卒業見込みの方 本校のみを受験する方 中学校長が責任もって推薦する方	推薦入学試験以外の方
願書受付	1月17日（月）～1月25日（火） ※1月22日（土）～1月23日（日）は除く	1月26日（水）～2月4日（金） ※1月29日（土）～1月30日（日）は除く
試験方法	①面接 ②書類審査 ③筆記試験（英語・小論文）	①書類審査 ②筆記試験（国語・数学・英語・理科・社会）
試験日	1月31日（月）	2月9日（水）
合格発表	2月4日（金）	2月16日（水）
受験料	33,000円（税込）	

具体的な内容をわかりやすくします。

<例>
製品の仕様、会社概要、募集要項　など

■ 数値を比較できる

調査結果
家庭でのスマートフォンのルール

ルール	小学生	中学生
料金の上限を決めている	2.1%	5.7%
利用する時間を決めている	1.8%	16.3%
利用する場所を決めている	2.8%	18.1%
通話やメールの相手を限定している	81.7%	3.7%
個人情報を書き込まない	2.0%	29.7%
出会い系サイト、アダルトサイトにアクセスしない	0.3%	19.4%
特にルールはない	8.4%	5.2%
その他	0.9%	1.9%

複数の項目間で数値の差を明確にします。

<例>
**各店舗の売上状況の比較、アンケート調査結果
の属性ごとの比較　など**

■ 時系列で情報を整理できる

事実や事象を時間の経過にそって提示します。

<例>
会社の沿革、開発スケジュール、研修カリキュラムなど

■ 順位を提示できる

順位や手順、優先順位などを順番に表示します。

<例>
顧客満足度ランキング、作業の優先順位　など

3　表の効果的な表現方法

表は、ともすると単調になりがちです。表にメリハリを付けて、より見やすくなるようにしましょう。最後に全体を見てバランスを調整することも忘れないようにします。

表の効果的な表現方法は、次のとおりです。

●説明すべきポイントを絞り込み、表の項目はできるだけ減らす
●見出し行の文字は、基本的に中央揃えで表示する
●見出し行は背景色を変えたり、明細行より文字を太くしたりして、明細行と区別する
●金額などの数値は、項目同士の比較がしやすいように右揃えで表示する
●文字数が比較的多い項目は、文字を左揃えで表示する
●明細行が多い場合は、行に交互に色を付ける
●強調したいセルは色を付けたり、フォントサイズを大きくしたりする
●要点を整理するため、必要に応じて、ひとつのセルを分割したり、複数のセルを結合したりする

◆単調で強調したいポイントがわかりにくい

競合他社比較

項目		当社	A社	B社
テイスト		エレガンス 機能的・合理的	クールモダン 都会的	フェミニン キュート
アイテム数	ウェア	9点	15点	18点
	小物	10点	3点	5点
カラー展開		ナチュラル系中心	モノクロ中心	豊富な色揃え
価格帯	インナー	A案：¥9,000～¥14,000 B案：¥10,000～¥15,000 C案：¥11,000～¥16,000	¥7,000～¥15,000	¥7,500～¥18,000
	アウター	A案：¥28,000～¥36,000 B案：¥30,000～¥40,000 C案：¥32,000～¥45,000	¥20,000～¥38,000	¥22,000～¥43,000
	ボトム	A案：¥15,000～¥22,000 B案：¥16,000～¥25,000 C案：¥17,000～¥28,000	¥10,000～¥21,000	¥13,000～¥26,000

◆メリハリがあり、強調したいポイントが明確である

競合他社比較

項目		当社	A社	B社
テイスト		エレガンス 機能的・合理的	クールモダン 都会的	フェミニン キュート
アイテム数	ウェア	9点	15点	18点
	小物	10点	3点	5点
カラー展開		ナチュラル系中心	モノクロ中心	豊富な色揃え
価格帯	インナー	A案：¥9,000～¥14,000 B案：¥10,000～¥15,000 C案：¥11,000～¥16,000	¥7,000～¥15,000	¥7,500～¥18,000
	アウター	A案：¥28,000～¥36,000 B案：¥30,000～¥40,000 C案：¥32,000～¥45,000	¥20,000～¥38,000	¥22,000～¥43,000
	ボトム	A案：¥15,000～¥22,000 B案：¥16,000～¥25,000 C案：¥17,000～¥28,000	¥10,000～¥21,000	¥13,000～¥26,000

◆目で追うときに行ズレを起こしやすく見にくい

価格設定（案）

アイテム	A案	B案	C案
Tシャツ	12,000	13,000	14,000
ハーフトップ	14,000	15,000	16,000
ノースリーブ	14,000	15,000	16,000
タンクトップ	9,000	10,000	11,000
ブルゾン	28,000	30,000	32,000
ジャケット	36,000	40,000	45,000
パンツ	22,000	25,000	28,000
ハーフパンツ	17,000	19,000	21,000
ショートパンツ	15,000	16,000	17,000
ハンドタオル	600	800	1,000
タオル	1,000	1,200	1,400
バスタオル	2,500	3,000	3,500
ソックス	1,000	1,200	1,400
シューズ	22,000	25,000	28,000
ルームシューズ	12,000	14,000	16,000

◆行ごとに数値を追いやすく目の負担も少ない

価格設定（案）

アイテム	A案	B案	C案
Tシャツ	12,000	13,000	14,000
ハーフトップ	14,000	15,000	16,000
ノースリーブ	14,000	15,000	16,000
タンクトップ	9,000	10,000	11,000
ブルゾン	28,000	30,000	32,000
ジャケット	36,000	40,000	45,000
パンツ	22,000	25,000	28,000
ハーフパンツ	17,000	19,000	21,000
ショートパンツ	15,000	16,000	17,000
ハンドタオル	600	800	1,000
タオル	1,000	1,200	1,400
バスタオル	2,500	3,000	3,500
ソックス	1,000	1,200	1,400
シューズ	22,000	25,000	28,000
ルームシューズ	12,000	14,000	16,000

◆煩雑で共通の項目であることがわかりにくい

価格設定（案）

分類	アイテム	A案	B案	C案
インナー	Tシャツ	12,000	13,000	14,000
インナー	ハーフトップ	14,000	15,000	16,000
インナー	ノースリーブ	14,000	15,000	16,000
インナー	タンクトップ	9,000	10,000	11,000
アウター	ブルゾン	28,000	30,000	32,000
アウター	ジャケット	36,000	40,000	45,000
ボトム	パンツ	22,000	25,000	28,000
ボトム	ハーフパンツ	17,000	19,000	21,000
ボトム	ショートパンツ	15,000	16,000	17,000

◆情報が分類されていて確認しやすい

価格設定（案）

分類	アイテム	A案	B案	C案
インナー	Tシャツ	12,000	13,000	14,000
	ハーフトップ	14,000	15,000	16,000
	ノースリーブ	14,000	15,000	16,000
	タンクトップ	9,000	10,000	11,000
アウター	ブルゾン	28,000	30,000	32,000
	ジャケット	36,000	40,000	45,000
ボトム	パンツ	22,000	25,000	28,000
	ハーフパンツ	17,000	19,000	21,000
	ショートパンツ	15,000	16,000	17,000

STEP6 グラフによる表現方法

1 グラフ

「**グラフ**」は、数値の大小や変動を直感的に伝えるのに便利な表現方法です。箇条書きや表などの文字だけでは、どうしてもインパクトに欠けてしまいます。例えば、表にまとめたものを、さらにグラフにしてみると、よりわかりやすくなることがあります。グラフにすると、数値を視覚的に印象付けることができ、数値の差が大きいのか小さいのか、緩やかな変化なのか急激な変化なのかといったことを、ひと目で理解できます。

◆表は数値の大小や変動を把握しにくい

全顧客数とリピート顧客数の推移

	全顧客数	リピート顧客数
2020年度　第1四半期	3,464人	1,586人
2020年度　第2四半期	3,551人	1,701人
2020年度　第3四半期	3,641人	1,851人
2020年度　第4四半期	3,401人	1,382人
2021年度　第1四半期	3,408人	1,355人
2021年度　第2四半期	3,651人	1,680人
2021年度　第3四半期	3,781人	2,021人
2021年度　第4四半期	3,416人	2,400人

◆グラフは数値の大小や変動を
　直感的に把握できる

全顧客数とリピート顧客数の推移

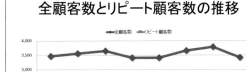
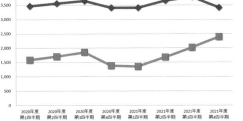

2 グラフの種類と特徴

グラフには様々な種類があります。それぞれのグラフの特徴を正しく理解し、伝えたい内容に合わせて適切に使い分けましょう。

主なグラフの特徴と作成例を確認しましょう。

■ 棒グラフ

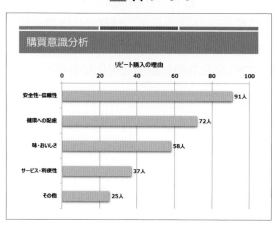

複数の項目間の比較を示すのに適しています。

<例>
担当者別の売上高、地域別の降水量、顧客の購入理由の比較　など

■ 折れ線グラフ

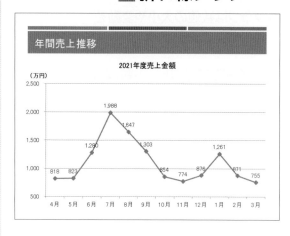

一定期間におけるデータの変化や推移を示すのに適しています。

<例>
商品の売上推移、地域別の気温　など

■ 円グラフ

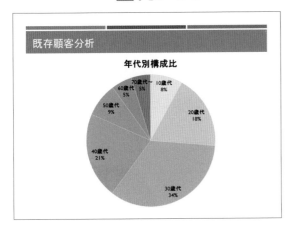

全体に対する各項目の比率や内訳を示すのに適しています。

<例>
アンケートの回答比率、人口の年代別比率　など

■ 散布図

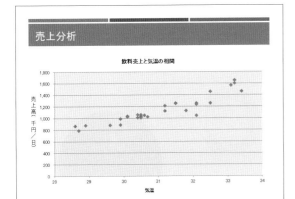

2種類のデータの相関関係を示すのに適しています。

<例>
清涼飲料水の売上と気温の関係、来店回数と購入金額の関係　など

■ レーダーチャート

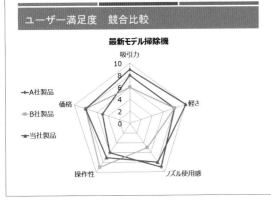

3つ以上の項目を比較し、全体のバランスを示すのに適しています。

<例>
商品の機能別得点、栄養成分のバランス　など

効果的なグラフの使い分け

数値をグラフで表現する場合は、主張したい内容に合わせてグラフを使い分けることが重要です。同じ数値を表現する場合でも、何を主張したいかによって、それを適切に表現できるグラフは異なります。

例えば、ある商品の売上高について「A社は業界第1位である」ことを主張するのか、「A社の業界シェアは市場全体の半数近くを占める」ことを主張するのかによって、選択すべきグラフは次のように異なります。

●A社は業界第1位である

特に2位のB社との差がわずかである場合は、円グラフではA社が1位であるということが直感的に把握できません。このような場合は、棒グラフで表現するとよいでしょう。

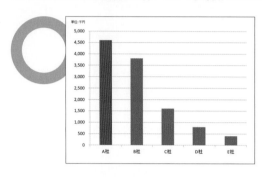
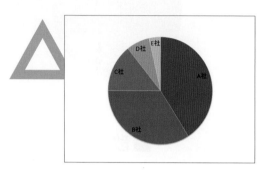

●A社の業界シェアは市場全体の半数近くを占める

棒グラフでは、業界シェアが半数近いということが直感的に把握できません。このような場合は、円グラフで表現するとよいでしょう。

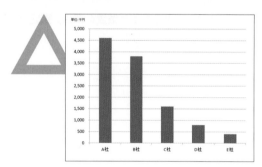
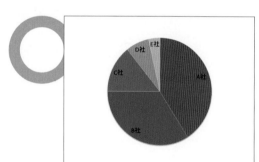

3 グラフの効果的な表現方法

グラフにちょっとした配慮や工夫をすると、表現したい内容がひと目でわかる、さらに見やすいグラフを作成できます。
グラフの効果的な表現方法は、次のとおりです。

- ●グラフの内容を表現した簡潔なタイトルを付ける
- ●凡例や軸の名称などを入れる
- ●必要に応じて、目盛線を入れる
- ●目盛線は、数値の差異がひと目でわかるように適切な間隔を設定する
- ●必要に応じて、吹き出しを入れたり、引き出し線を引いたりして、補足説明を追加する

◆タイトルや凡例がなく
何を表現したグラフかわかりにくい

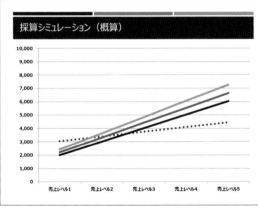

◆タイトルや凡例があり
何を表現したグラフかわかりやすい

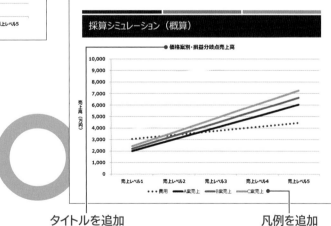

タイトルを追加　　　　　　　　　凡例を追加

◆目盛が不適切で、数値の差異が明確でない

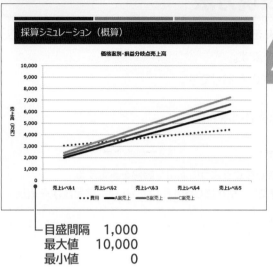

目盛間隔　　1,000
最大値　　10,000
最小値　　　　　0

◆目盛が適切で、数値の差異が明確である

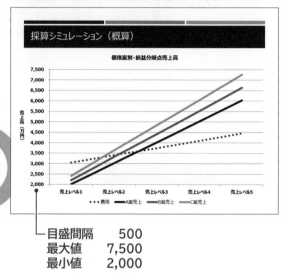

目盛間隔　　　500
最大値　　7,500
最小値　　2,000

◆重要なポイントがひと目で把握できる

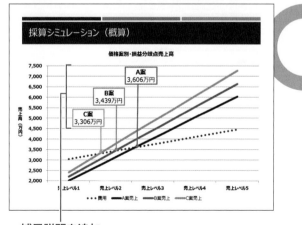

補足説明を追加

第4章　訴求力の高い資料を作成しよう

STEP 7 画像による表現方法

1 イラスト

「**イラスト**」は、聞き手にプレゼンテーションの内容をイメージさせ、雰囲気を演出するのに便利な表現方法です。イラストを使うと、プレゼンテーション資料を生き生きとさせることができ、聞き手の注意を引きつけやすくなります。ただし、イラストが持っているイメージがそのままプレゼンテーション資料全体のイメージになってしまうこともあるため、使い方には注意が必要です。

◆文字だけでは、情報の持っているイメージが伝わらない

◆イラストがあると、情報をイメージしやすい

イラストを使う際には、次のようなことに注意しましょう。

■ 内容に合ったイラストを使う

内容にまったく関係のないイラストは、聞き手の混乱を招いたり、中身のない薄っぺらな印象を与えたりすることがあり、かえって逆効果です。また、余白を埋めるためなどの理由で安易にイラストを使うと、聞き手の視線がイラストに集中してしまい、本来伝えるべき重要なポイントが埋没してしまう可能性があります。イラストが持っているイメージがプレゼンテーション資料の内容に合っているかどうか、本当に必要なイラストかどうかを考えて使うようにしましょう。

1

2

3

4

5

6

実践演習

アドバイス

付録

索引

■ イラストのタッチをそろえる

複数のイラストを使う場合は、プレゼンテーション資料全体を通してイラストのタッチを統一するようにしましょう。例えば、あるスライドではリアルな描写のイラストを使い、別のスライドでは漫画風のイラストを使うなど、スライドごとにイラストのタッチが異なると、聞き手に煩雑な印象を与えてしまうだけでなく、プレゼンテーションのテーマがぼやけてしまうことがあります。

■ ひと目で理解できるイラストにする

何を表現しているのかが直感的に理解できるイラストを使います。複雑なイラストや抽象的過ぎるイラストは、聞き手がその意味を理解するために考え込んでしまい、逆効果になることがあります。

2　写真

「写真」は、プレゼンテーションに臨場感を与えるだけでなく、聞き手に強く印象付け、説得力を高めるのに便利な表現方法です。写真を使うと、風景や人、物など、その場で実物を見せることが難しいものをリアルに示すことができ、文字やイラストを使って説明するよりも、聞き手の記憶に残りやすくなります。

◆写真があると、臨場感が伝わる

STEP 8 図解による表現方法

1 図解

「**図解**」とは、複数の要素間の関係を、図形を使って視覚的に説明することです。図解は、文字だけでは伝えにくい内容を直感的に理解してもらうのに便利な表現方法です。図解を使うと、聞き手はひと目で全体像を把握できます。また、プレゼンテーション資料にインパクトを与えることもできます。

◆箇条書きは関係がわからない

新ブランドのペルソナ設定

◆企画の理由
・仕事を持つ女性の地位定着
・ストレス解消、癒しの傾向
・リラクゼーション施設を持つ
　女性専用高級フィットネスがブーム

◆企画の要旨
・25～40歳のキャリア女性がターゲット
・スポーツ・リラックスウェアの新シリーズ立ち上げ

◆図解は直感的に関係がわかる

新ブランドのペルソナ設定

・仕事を持つ女性の地位定着
・ストレス解消、癒しの傾向
・リラクゼーション施設を持つ
　女性専用高級フィットネスがブーム

25～40歳のキャリア女性がターゲット
スポーツ・リラックスウェアの新シリーズ立ち上げ

◆ 上昇感が伝わらず、インパクトに欠ける

長期拡販戦略

半期に一度の大型拡販施策で市場を常に刺激・活性化する

◆ 2021年10月
・全国大規模イベントの実施

◆ 2022年4月
・エッセンス商品の提供開始

◆ 2022年10月
・バッグ・シューズのシリーズ化

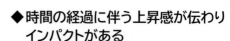

◆ 時間の経過に伴う上昇感が伝わり
　インパクトがある

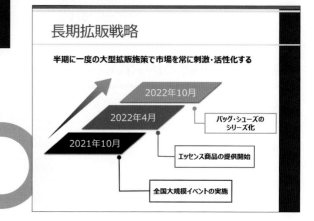

長期拡販戦略

半期に一度の大型拡販施策で市場を常に刺激・活性化する

2022年10月
2022年4月
2021年10月

バッグ・シューズの
シリーズ化

エッセンス商品の提供開始

全国大規模イベントの実施

---

2 図解化の流れ

図解を作成する基本的な流れは、次のとおりです。

1 箇条書きにする

● 伝えたい内容をいきなり図解にするのではなく、まずはスライドの内容を箇条書きにしてみる

2 図解パターンを決定する

● 箇条書きのそれぞれの項目がどのような関係にあるかを考える
● 項目間の関係を表現するのに最適な図解パターンを検討する

3 部品をアレンジする

● 箇条書きの項目数に合わせて、図解を構成する部品を検討する
● 図解をより効果的に表現するために、必要な部品の数を増減したり、矢印を加えたりする

3 箇条書きへの置き換え

図解を作成するためには、複数の要素間の関係を考える必要があります。しかし、伝えたい内容をいきなり図解にしようとすると、どこから手を着けたらよいのかわからず、行き詰ってしまいます。そこで、まずはスライドの内容を箇条書きに置き換えてみます。

箇条書きにすると文章を複数の短文に分けることができるため、自然に要点が抽出され、次の例のように項目間の関係が明確になります。

<例>
● 各項目が相互に並列の関係にある

> 25〜40歳のキャリア女性の特徴
> ・可処分所得が高い
> ・クチコミ力が強い
> ・トレンドを生み出すリーダー的存在

<例>
● 各項目が時系列の関係にある

> 長期拡販戦略
> ・2021年10月　全国大規模イベントの実施
> ・2022年4月　　エッセンス商品の提供開始
> ・2022年10月　バック・シューズのシリーズ化

<例>
● 各項目が階層の関係にある

> ターゲットがこだわるポイント
> ・自分らしさ
> 　−自分に似合うモノを知っている
> 　−自分のスタイルを持っている
> ・本物
> 　−あれこれたくさんのモノを買わない
> 　−納得できるモノは高価でも購入する
> 　−がんばる自分へのご褒美感覚で購入する
> ・リラクゼーション
> 　−仕事と休息を上手に切り分けている
> 　−自分をいたわる商品に関心が高い
> 　−ストレスの上手な解消法を探している

4 図解パターンの選択

スライドの内容を箇条書きにしたら、各項目間の関係を示すのに最適な図解パターンを選択します。最適な図解パターンがわからない場合は、箇条書きにした項目をそれぞれの図解パターンに流し込んでみて、最適な図解パターンを探し出しましょう。

基本となる図解パターンには、次のようなものがあります。

■相互関係

複数の要素の相互関係を表します。

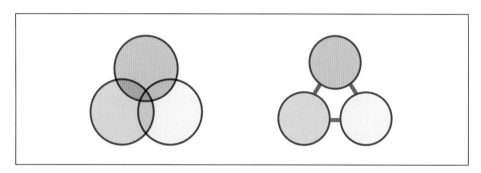

■順序

時系列に変化する内容を表します。

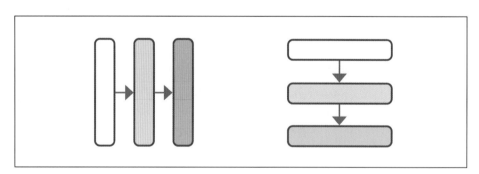

■ 循環

繰り返し循環する内容を表します。

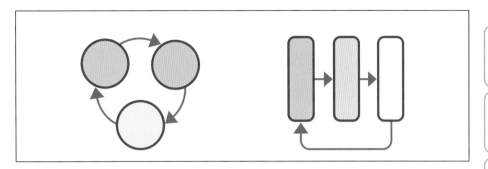

■ 階層

階層や構造を表します。また、展開・拡大や集約・収束を表します。

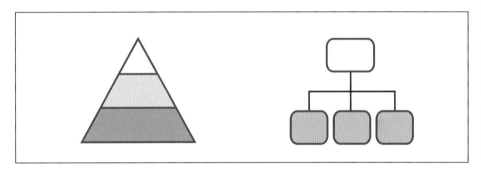

■ 位置関係

座標を使って位置関係を表します。

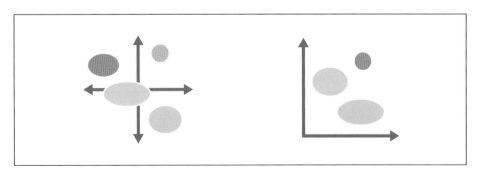

5　部品のアレンジ

図解パターンが決まったら、箇条書きの項目数に合わせて、図解を構成する部品をアレンジしていきます。部品の数を増減したり、部品の形状を変えたり、線を引いたり、線を矢印にしたりなど、様々なアレンジ方法があります。部品をアレンジすることによって、同じ要素でも違った見え方になります。表現したい内容に合った適切なアレンジを加えて、よりわかりやすい図解を作成しましょう。

■ 相互関係

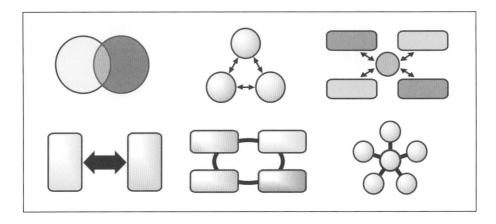

■ 順序

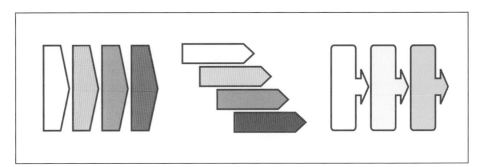

■循環

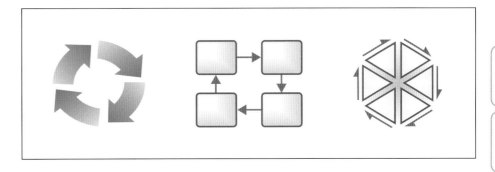

■階層

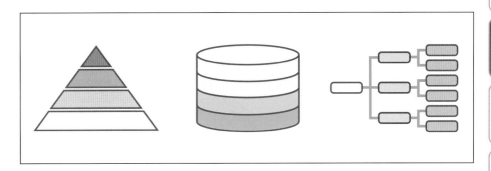

■位置関係

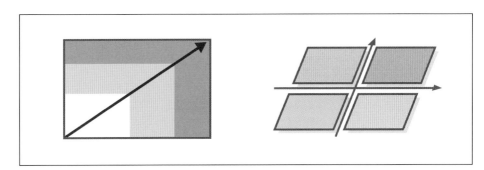

6 図解の作成例

最適な図解パターンを選び、部品に適切なアレンジを加えることで、ほとんどの図解は思いどおりに表現できます。図解の様々な作成例を確認しましょう。

◆ 相互関係の図解

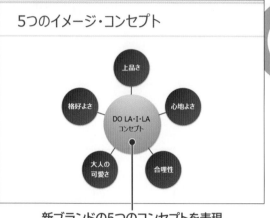

新ブランドの5つのコンセプトを表現

◆ 順序の図解

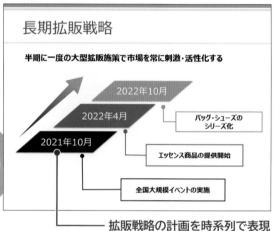

拡販戦略の計画を時系列で表現

◆ 循環の図解

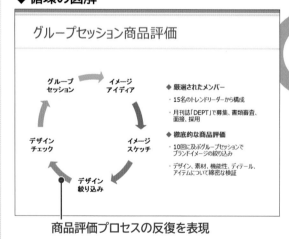

商品評価プロセスの反復を表現

◆ 階層の図解

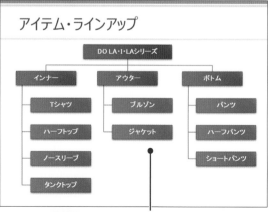

新ブランドで展開予定のアイテムをカテゴリー単位で表現

◆位置関係の図解

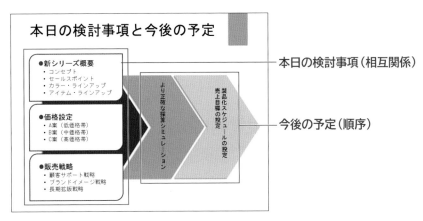

新ブランドと従来ブランドの
位置付けを表現

📖 図解パターンの組み合わせ

参考　次の例のように、2つの図解パターンを組み合わせると、複雑で高度に見える図解を作成できます。ただし、あまり凝り過ぎて、わかりにくくならないように注意しましょう。

本日の検討事項（相互関係）

今後の予定（順序）

7　図解の効果的な表現方法

見栄えを調整することで、平板な印象になりがちな図解を、さらにインパクトのあるわかりやすいものにできます。

図解の効果的な表現方法は、次のとおりです。

- ●配色を工夫する
- ●影・立体・グラデーションなどで変化を付ける
- ●配色や影・立体・グラデーションなどの装飾は、すべてのスライドを通して統一する
- ●矢印を効果的に使ったり、線の太さに変化を付けたりして、重要なポイントに注目させる
- ●図形の中に配置する文字は、簡潔な表現にする

STEP 9　色による表現方法

1　色を使って表現できること

一般的に、プレゼンテーション資料はカラーで作成しますが、必ずしもカラーである必要はありません。伝えたい内容によっては、白黒の方がよい場合もあります。プレゼンテーション資料をカラーにするのは、単に見栄えをよくするためではありません。そもそもカラーにする意味を理解していないと、色の選択を間違えたり、色を多用し過ぎたりして、かえってわかりにくい資料になってしまうことがあります。なぜカラーにする必要があるのか、その意味を考えてから、作業に取りかかりましょう。

プレゼンテーション資料をカラーにする意味は、次のとおりです。

■重要なポイントを強調する

白黒でプレゼンテーションを作成する場合と異なり、フォントを変える、フォントサイズを大きくする、文字に下線を引くといった工夫をしなくても、文字や図形の色を変えるだけで重要なポイントを強調できます。

■情報を視覚的に分類する

複数の要素について説明する場合は、ひとつひとつの要素に特定の色を割り当てることで、情報を視覚的に分類できます。例えば、「**ヒューマンスキル**」にはオレンジ、「**テクニカルスキル**」にはグリーン、「**ビジネススキル**」にはブルーを割り当て、全スライドを通して一貫して適用すると、聞き手は発表者が説明する内容を色で判別でき、理解しやすくなります。

2　色調が与える印象

「**色調**」とは、色の明度（明るさ）や彩度（鮮やかさ）、濃淡などの調子のことです。「**トーン**」とも呼ばれます。色調のバランスを考慮した色づかいは、ひとつひとつの色味は異なっていても統一感や安定感があります。また、色調の違いによって、様々な雰囲気を演出できます。

代表的な色調と色調が与える印象には、次のようなものがあります。伝えたい内容のイメージに合う色調を選び、見た目にも美しく、より完成度の高いプレゼンテーション資料を目指しましょう。

色調	説明/雰囲気	色調の例
ペールカラー	● 淡く薄い色づかい ● 優しい印象や軽快な印象を与える反面、はかない印象を与えることもある	
パステルカラー	● 淡くやわらかな色づかい ● ロマンティックな印象を与える反面、ぼんやりとした印象を与えることもある	
グレイッシュカラー	● グレーがかった、濁ったような色づかい ● 落ち着いた印象を与える反面、陰気で地味な印象を与えることもある	
ビビッドカラー	● 鮮やかな色づかい ● 活動的な印象を与える反面、派手で落ち着きのない印象を与えることもある	
ダークカラー	● 安定感のある暗めの色づかい ● 落ち着いた印象を与える反面、暗く地味な印象を与えることもある	
ディープカラー	● 重厚感のある濃い色づかい ● 和風の印象や大人っぽい印象を与える反面、重苦しい印象を与えることもある	

3 配色が与える印象

「**配色**」とは、色の組み合わせのことです。色の組み合わせによって、様々な雰囲気を演出できます。

配色が与える印象には、次のようなものがあります。伝えたい内容やターゲットに合わせて適切な配色を選ぶと、聞き手の関心を引きつけやすくなり、プレゼンテーション資料の訴求力が高まります。

雰囲気	配色の例
暖かい、親しみやすい	
冷たい、理知的	
やわらかい、優しい	
活発、にぎやか	

雰囲気	配色の例					
華やか、軽やか						
重厚、落ち着き						
穏やか、落ち着き						

POINT▶▶▶

配色の選択

いざ色を付けようとすると、豊富な色数に惑わされて、迷ってしまうことがあります。扱う色数が増えれば増えるほど、すっきりとまとめるのが難しくなります。慣れるまでは色数を抑え、慣れてきたら少しずつ色数を増やしてみましょう。

配色を決定する際には、まず基本となる文字色と背景色、次にアクセントになる色、さらに、それらをなじませる融合色という順番で選んでいくと、比較的決めやすくなります。なお、文字色と背景色は、特に読みやすさに注意して色の組み合わせを選ぶようにしましょう。

色覚バリアフリーへの配慮

統計的には、日本人男性では20人に1人、女性では500人に1人の割合で色覚障がいの方がいるといわれています。

最低限の色覚バリアフリーを確保するための対策は2つあります。1つ目は暖色同士や寒色同士を隣り合わせにしないこと、2つ目は、折れ線グラフのマーカーを●や▲など図形の形を変えて、色だけに頼らない表現にすることです。

4　色づかいの工夫

ちょっとした色づかいの工夫で、プレゼンテーション資料の印象は大きく変わります。単に見栄えにこだわるのではなく、聞き手の目線に立ち、伝えたい内容が効果的に伝わるかどうかを考えながら、使う色を決定していきましょう。

色づかいを工夫するポイントは、次のとおりです。

■色数を使い過ぎない

色をたくさん使うと華やかな印象になり、人の目を引きやすいと思われがちです。しかし、情報を伝えることを目的とするプレゼンテーション資料の場合は、色数が多過ぎると、かえってどこに注目したらよいのかわからず、重要なポイントが伝わりにくくなることがあります。

一般的に、1枚のスライドの中で使う色数は、文字色と背景色を除いて2〜3色が適切であるといわれています。強調したいポイントだけ色を変えるなどして、メリハリのあるプレゼンテーション資料に仕上げましょう。

◆ 色数が多過ぎて、まとまりがない

◆ 適切な色数で、注目すべきポイントがわかりやすい

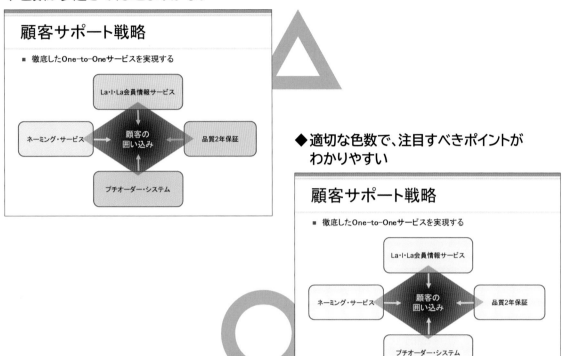

■ 無彩色を効果的に使う

重要なポイントを目立たせるためには、無彩色をベースに、強調したい部分だけに有彩色を使うなど、無彩色と有彩色のバランスを考慮するとよいでしょう。

◆ 注目すべきポイントがひと目でわかる

競合他社比較

■ 徹底した**One-to-One**サービスを実現する

項目		当社	A社	B社
テイスト		エレガンス 機能的・合理的	クールモダン 都会的	フェミニン キュート
アイテム数	ウェア	9点	15点	18点
	小物	10点	3点	5点
カラー展開		ナチュラル系中心	モノクロ中心	豊富な色揃え
価格帯	インナー	A案：¥9,000〜¥14,000 B案：¥10,000〜¥15,000 C案：¥11,000〜¥16,000	¥7,000〜¥15,000	¥7,500〜¥18,000
	アウター	A案：¥28,000〜¥36,000 B案：¥30,000〜¥40,000 C案：¥32,000〜¥45,000	¥20,000〜¥38,000	¥22,000〜¥43,000
	ボトム	A案：¥15,000〜¥22,000 B案：¥16,000〜¥25,000 C案：¥17,000〜¥28,000	¥10,000〜¥21,000	¥13,000〜¥26,000

■ 部分的に際立たせる

周囲の色と明らかに色合いの異なる色をアクセントとして使うと、強調したいポイントだけを部分的に際立たせることができます。アクセントになる色は、色相環の中で真反対に配置されている色や、同じ暖色系でも少し離れた位置に配置されている色を選ぶとよいでしょう。

◆訴求ポイントが他と明確に差別化されている

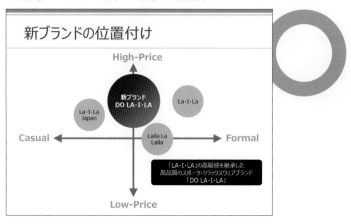

色相

「色相」(しきそう) とは、赤、黄、青、緑といった色味・色合いのことです。色相を表すためによく使われるのが「色相環」です。色相環とは、代表的な色を円状に並べたもので、12色で表したり、24色で表したりします。色相環を使うと、「暖色系」「寒色系」「中間色系」などの分類や、「隣接色」「補色」の関係などがひと目でわかるので便利です。

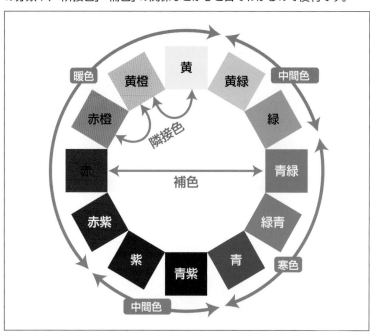

■調和の取れた色を選ぶ

複数の色を使う場合は、偏った配色やまとまりのない配色にならないように、バランスを考慮することが大切です。例えば、赤、緑、青のように、色相環の中でほぼ均等に離れた位置に配置されている色を選ぶと、調和の取れた色づかいになります。

◆複数の要素間のバランスが感じられる

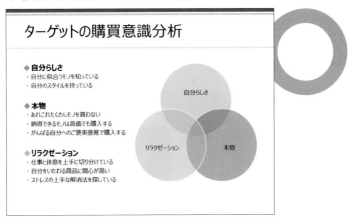

■一貫性を持たせる

スライドごとに色づかいを変えていると、統一感のないプレゼンテーション資料になり、聞き手に煩雑な印象を与えてしまいます。例えば、機能1に関する説明は黄、機能2に関する説明は青というように特定の項目に色を割り当てるなど、ルールを決め、すべてのスライドを通して色づかいに一貫性を持たせましょう。

◆分類が明確になり、内容の確認や比較がしやすい

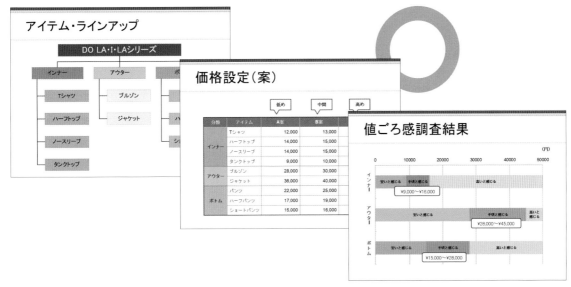

■ 色の持つイメージを利用する

色や色の組み合わせが持つイメージをうまく利用すると、聞き手は、発表者が何を伝えようとしているのかを色からも汲み取ることが可能になります。

◆ プレゼンテーションの内容をイメージしやすい

清楚さをイメージする白系

自然をイメージするグリーン系

■ グラデーションで変化を付ける

同じ色合いでも、グラデーションで表現することで、時間の経過や順番、動きなどをイメージさせることができます。

◆ ある方向に向かっていくイメージが伝わる

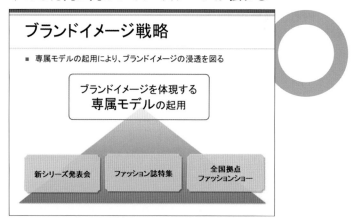

1 アニメーション

「アニメーション」とは、スライド上のタイトルや箇条書き、画像、表などに対して、動きを付ける効果のことです。波を打つように揺らしたり、ピカピカと点滅させたり、徐々に拡大したりすることができます。

アニメーションを使うと、重要な箇所が強調され、見る人の視線を集めることができます。

◆アニメ部分に注目するので、今から話し始めるところ・注目してほしいところがわかりやすい

商品企画の要旨

2022年秋冬の**期間限定**

ターゲットは**20〜40代の男女**

加糖と無糖の2種類

アラビカ種

商品企画の要旨

2022年秋冬の**期間限定**

ターゲットは**20〜40代の男女**

加糖と無糖の2種類

アラビカ種100%の良質コ

商品企画の要旨

2022年秋冬の**期間限定**

ターゲットは**20〜40代の男女**

加糖と無糖の2種類

アラビカ種100%の良質コーヒー

スライドにアニメーションを使うと、特にオンラインでは話の流れを意識させたり、プレゼンテーションにメリハリをつけたりするなど、聞き手の集中力を途切れさせない効果があります。

■アニメーションを多用しない

1枚のスライド内に、アニメーションを付けた箇所が多いと、聞き手はどこに注目すればいいのかわからなくなり、プレゼンテーションで伝えたいことが伝わりません。1枚のスライドでアニメーションを設定する箇所は2〜3個までと決めておくとよいでしょう。

また、オンラインでは、動きの派手なアニメーションや画面切り替え効果はデータ転送量が増えます。肝心の音声が途切れてしまう可能性があるので、アニメーションの多用は控え、画面切り替え効果は設定しないほうがよいでしょう。

■アニメーションの種類を絞る

PowerPointにはたくさんの種類のアニメーションが用意されていますが、プレゼンテーション内で使用するアニメーションは多用しないほうがよいでしょう。
様々な種類のアニメーションで表示されると、聞き手が混乱してしまいます。
注目してほしい箇所を表示させるときは、「フェード」や「ワイプ」、「アピール」などに絞り込んで使うとよいでしょう。

プレゼンテーション資料を作成しよう

実際のビジネスシーンを想定して、プレゼンテーションの進め方について考えてみましょう。

> 家電製品の製造および販売を行うFエレクトロニクス株式会社の商品企画部に所属する森田和樹さんは、キッチン家電の商品企画を担当しています。
> 上司から「来月行う販売店様向け新商品発表会で、蓄電機能付き炊飯器のプレゼンテーションを頼むよ。」と指示された森田さんは、新商品を魅力的に紹介し、今後の売上につなげるためのプレゼンテーション資料を作成しました。

さて、森田さんはどのようなプレゼンテーション資料を作成したのでしょうか。

✕ この事例の悪いところは?

森田さんは、15枚に及ぶプレゼンテーション資料を作成しました。作成したプレゼンテーション資料を上司に確認してもらったところ、一部のスライドについて、もう一度作り直すように指示されました。
どのような点に問題があるのかを考えてみましょう。

【作り直しを指示された森田さんのスライド】

◆スライドA

◆スライドB

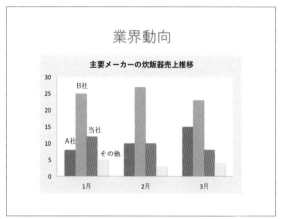

◆ スライドC

新商品誕生の背景

消費者が炊飯器に求める機能
〜 アンケートで多かった回答 〜

「消費電力がより少ない家電を選んで、できるだけ電気代を節約したい。」
「日本人はお米が主食なのだから、どんなお米でも、できるだけおいしく炊ける炊飯器を選びたい。」
「万一停電したときにも、継続して使えるようにしてほしい。炊飯中に停電で切れてしまい困ったことがある。」
「意外と場所を取るので、狭いスペースにも置けて、食卓にも簡単に移動できるように、軽量でコンパクトなものが良い。」
「たとえば帰宅時間が読めないときなどには、自分の都合に合わせて、保温時間を自由に設定できると助かる。」
「お菓子づくりが趣味なので、ケーキとかパンとか、炊飯以外の用途にも使えるとうれしい。」

◆ スライドD

プロもうなる炊き加減

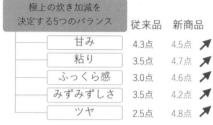

極上の炊き加減を決定する5つのバランス	従来品	新商品	
甘み	4.3点	4.5点	↗
粘り	3.5点	4.7点	↗
ふっくら感	3.0点	4.6点	↗
みずみずしさ	3.5点	4.2点	↗
ツヤ	2.5点	4.8点	↗

（満足度調査結果より）

◆ スライドE

新商品の優位性

新商品	従来品	消費者の求める機能
◎	△	より少ない消費電力
◎	○	おいしさへのこだわり
○	×	停電時の炊飯
○	△	軽量＆コンパクト
○	×	保温OFFタイマー
○	×	ケーキ・パンづくり

◆ スライドF

プロモーション計画

- メディア対応：TVCM放映、新聞広告、雑誌掲載、電車中吊り広告（主要都市）
- 店頭：POPおよびポスターの掲示、サンプル商品を使った試食会の実施、ミニカタログの
- 街頭配布
- キャンペーン：「購入者1,000名に当たる！極上米30kgプレゼントキャンペーン」展開

森田さんが作成したプレゼンテーション資料は、もう一工夫すれば、さらに説得力が高まりそうです。

森田さんは、上司のアドバイスを受けながら、スライドを作り直しました。作り直したスライドにそって、どのようなことに注意したらよいかを確認しましょう。

◆スライドA

❶ 内容を把握しやすいタイトルを付ける

「**新商品のご紹介**」では、何の商品紹介なのかがわかりません。ひと目で内容が把握できるように、商品名を入れたわかりやすいタイトルに変更するとよいでしょう。

❷ 適切なフォントを選ぶ

森田さんがタイトルに適用していたポップ体は、にぎやかで楽しい印象を与えます。さらに文字を変形させたことで、その印象を強めています。ある程度親しみやすさを演出することは大切ですが、信頼感や安心感を与える工夫も必要です。この例の場合は社外向けのプレゼンテーションであることを考慮し、落ち着いたフォントを使うようにします。また、タイトルと会社名や氏名とのバランスを考えて、適切なフォントサイズを選びましょう。

❸ 会社名、所属、氏名などを明記する

社外向けのプレゼンテーションであるため、タイトル、プレゼンテーションの実施日に加え、会社名や所属も明記しましょう。

◆スライドB

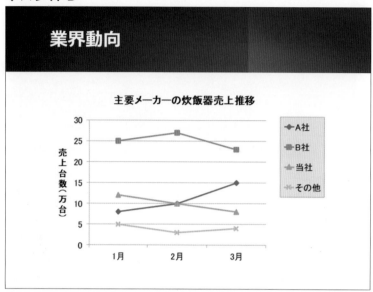

❹ 適切なグラフの種類を選択する

一定期間におけるデータの変化や推移を示すのに適しているのは、折れ線グラフです。最近の各社の動きが明確に伝わるように、棒グラフを折れ線グラフに変更しましょう。また、凡例や軸の名称、目盛線を追加することで、グラフの意味が伝わりやすくなります。

❺ 色づかいを工夫する

鮮やかな色づかいは一見華やかに見えますが、まとまりが感じられず、伝えたい内容がぼやけてしまう可能性があります。プレゼンテーション全体を通じて統一感が感じられる色合いを選択すると共に、グラフの背景色を白に変更し、数値の動きを強調するとよいでしょう。

◆スライドC

新商品誕生の背景

消費者が炊飯器に求める機能 ベスト4

（アンケート調査結果より）

1位　より少ない消費電力

2位　おいしさへのこだわり

3位　停電時の炊飯

4位　軽量＆コンパクト

❻ 伝えるべき情報を絞る

アンケート調査結果から消費者が炊飯器に求める機能を抽出し、わかりやすい言葉でコンパクトに表現しましょう。

プレゼンテーション資料は、「**読む資料**」ではなく、「**見る資料**」にすることが重要です。1枚のスライドに情報を詰め込み過ぎると、内容がわかりにくくなるので、伝えるべき情報を絞り込むとよいでしょう。また、適度な空白部分を作り、主張したい内容がひと目で伝わるように工夫しましょう。

◆スライドD

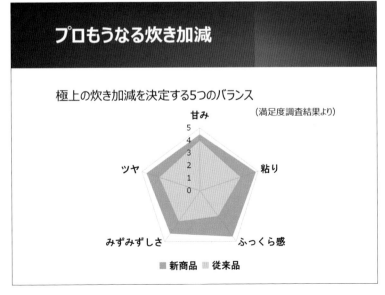

プロもうなる炊き加減

極上の炊き加減を決定する5つのバランス

（満足度調査結果より）

甘み

粘り

ふっくら感

みずみずしさ

ツヤ

■新商品　■従来品

❼ 最適な表現方法を探す

5つのバランスを表現するのに、階層の図解パターンを使っていましたが、これをグラフの一種であるレーダーチャートに変更するとわかりやすくなります。また、満足度の詳細な点数ではなく、新商品の炊き加減のバランスがどんなに優れているかを強調することに重点を置くとよいでしょう。

このように、伝えたい内容に応じて表現方法を適切に使い分けたり、強調すべきポイントを絞り込んだりすると、ひと目でわかりやすく、インパクトのあるスライドになります。

◆スライドE

新商品の優位性

消費者の求める機能	従来品	新商品
より少ない消費電力	△	◎
おいしさへのこだわり	○	◎
停電時の炊飯	×	○
軽量＆コンパクト	△	○
保温OFFタイマー	×	○
ケーキ・パンづくり	×	○

❽ 視線の流れに従って情報を配置する

右から左に向かって各要素を配置していましたが、人の自然な視線の流れに従って、左から右に向かって各要素を配置するとよいでしょう。

❾ 表を使って比較しやすくする

消費者の求める機能について、従来品と新商品の違いをより比較しやすくするため、表を使った表現方法に変更するとよいでしょう。

このように、バラバラに配置したものや箇条書きにしたものを表にしてみると、よりわかりやすくなることがあります。

また、新商品のセルの色を変えて強調しています。

⑩ 全体のデザインや配色を統一する

プロモーション計画のスライドを他より目立つように工夫していますが、かえって唐突で、違和感があります。プレゼンテーション全体を通してデザインや配色を統一し、聞き手に安心感や信頼感を与えるようにしましょう。

⑪ 図形は適材適所で効果的に使う

このスライドに図形は必須ではないため、削除した方がよいでしょう。内容にまったく関係のない図形は、聞き手の混乱を招いたり、中身のない薄っぺらな印象を与えたりすることがあります。また、安易に図形を使うと、本来伝えるべき重要なポイントが埋没してしまう可能性があります。

⑫ 箇条書きを読みやすくする

同じ箇条書きでも、文字や行間が詰まっていると読みにくくなります。内容に応じて箇条書きを階層化する、箇条書きの冒頭に行頭記号を付ける、改行位置に配慮する、フォントサイズやインデントを適切に設定するなどして、必要な情報をひと目で把握できるように工夫しましょう。

最後に、森田さんが完成させた15枚のプレゼンテーション資料を見てみましょう。

1枚目

2枚目

3枚目

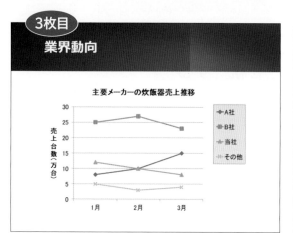

4枚目

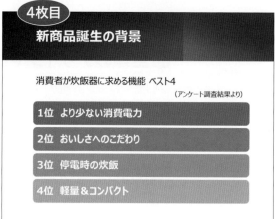

5枚目

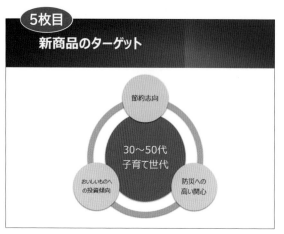

6枚目

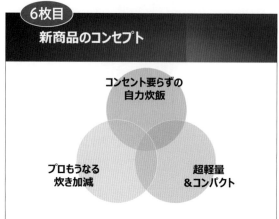

7枚目
コンセント要らずの自力炊飯

「JIRIKI釜」ならではの利用シーン

ホームパーティーに…
- ビュッフェスタイルの演出にも

アウトドアに…
- バーベキューやキャンプに大活躍

万一の災害時に…
- 停電時の炊飯や非常時の持ち出しに便利

8枚目
プロもうなる炊き加減

極上の炊き加減を決定する5つのバランス

（満足度調査結果より）

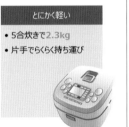

■ 新商品　■ 従来品

9枚目
超軽量&コンパクト

とにかくコンパクト
- 設置面積を従来商品の約1割縮小
- 狭いスペースにスッキリ収納
- 食卓を邪魔しない絶妙なサイズ

とにかく軽い
- 5合炊きで**2.3kg**
- 片手でらくらく持ち運び

10枚目
新商品の概要

商品名	JIRIKI釜
予定価格	39,800円
発売予定日	2022年1月14日（金）
形状	ポータブルタイプ
デザイン	未来的なスクエアボディ
新機能	自力炊き機能（業界初）
カラー展開	ホワイト/ブラウン

11枚目
新商品で採用したテクノロジー

業界初！
自力炊き機能を実現した蓄電技術

蓄電

炊飯時のエネルギー

内蔵電池

12枚目
新商品の優位性

消費者の求める機能	従来品	新商品
より少ない消費電力	△	◎
おいしさへのこだわり	○	◎
停電時の炊飯	×	○
軽量&コンパクト	△	○
保温OFFタイマー	×	○
ケーキ・パンづくり	×	○

13枚目

プロモーション計画

メディア対応
- TVCM放映、新聞広告、雑誌掲載
- 電車中吊り広告（主要都市）

店頭
- POPおよびポスターの掲示
- サンプル商品を使った試食会の実施、ミニカタログの街頭配布

キャンペーン
- 「購入者1,000名に当たる！極上米30kgプレゼントキャンペーン」展開

14枚目

販売目標

- 本年度　20億円
- 各販社様における炊飯器の　売上10%アップ（前年比）

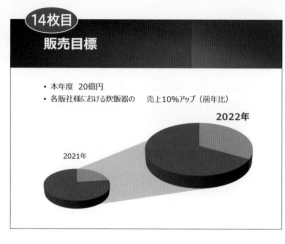

15枚目

問い合わせ

商品について
- 開発部 企画課　橋本義仁
- 電話番号：03-6789-xxxx
- メール：hashimoto@xxxx.xx.xx

プロモーションについて
- 営業部 販売支援課　小川哲次
- 電話番号：03-6789-xxxx
- メール：ogawa@xxxx.xx.xx

■第5章■
発表技術を磨こう

STEP 1 シナリオの作成

1 シナリオとは

「シナリオ」とは、発表者がプレゼンテーション資料の内容を説明する際に参考にする台本のようなものです。より効果的なプレゼンテーションを実施するためには、訴求ポイントが聞き手にわかりやすく伝わるように説明しなければなりません。プレゼンテーション資料に書いてあることを棒読みするだけでは、聞き手は退屈してしまいます。プレゼンテーション資料に書かれていないことを補足したり、ユーモアを交えたりしながら、聞き手を引きつける工夫が必要になります。

プレゼンテーションの準備段階で、事前にシナリオを作成し、聞き手に合った伝え方を考えておきましょう。ただし、作成するシナリオは要点を少し詳しくまとめる程度で、実際に話す内容をすべて書き出しておく必要はありません。

2 シナリオの作成手順

シナリオを作成する基本的な手順は、次のとおりです。

1 プレゼンテーションの内容を熟知する

- ●設計シートやプレゼンテーション資料を見ただけで詳しく説明できるように、内容を十分に把握する
- ●プレゼンテーション全体の構成や訴求ポイントを再確認する

2 シナリオを作成する

- ●プレゼンテーション資料を説明するためのセリフを考える

3 重要なポイントを強調する

- ●説明する内容に漏れがないように、重要なポイントには印を付けておく

4 補足事項を追加する

- ●プレゼンテーション資料に書かれていない内容で補足すべきものがあれば、シナリオに追加する

5 最適な表現方法や説明範囲を検討する

- ●聞き手の地位や立場に合わせた言葉づかいになっているかどうか、専門用語の表現方法がふさわしいかどうかを検討し調整する
- ●聞き手の専門知識の有無に合わせて、どこまで説明するべきかを検討し調整する

POINT ▶▶▶

スピーチ原稿

シナリオだけでは不安を感じる人は、スピーチ原稿を作成しておくのもひとつの方法です。スピーチ原稿を作成する場合は、次のようなことに注意しましょう。

- ●自分自身の言葉で書く
- ●書き言葉ではなく、話し言葉で書く
- ●原稿はできるだけ暗記しておき、プレゼンテーションの際に原稿に目を落とす頻度を少なくする
- ●スピーチ原稿に頼り過ぎて、棒読みにならないようにする

STEP 2 伝えるための技術

1 伝え方のテクニック

どんなに完成度の高いプレゼンテーション資料やシナリオを作成しても、最終的に主張したい内容が聞き手に正確に伝わらなければ意味がありません。発表者が自信のない態度や表情をしていると、聞き手の期待感は半減し、**「おそらく、大した内容ではないのだろう」**と思ってしまいます。逆に、発表者の熱意や誠意が伝わる説明には、自然と耳を傾けてもらえるものです。

プレゼンテーションで重要なのは、自分の主張に自信を持って堂々と臨み、聞き手が必要としている情報をより効果的に伝えることです。聞き手を自分の世界に引き込むためには、伝え方を工夫する必要があります。

この新商品は、消費者のニーズに応えます！

商品名
JIRIKI釜

最初の3分が勝負

「始めよければ終わりよし」といわれるように、プレゼンテーションもスタートが肝心です。最初に「この人の話は面白そうだな」とか「それって何だろう」と思わせることができれば、聞き手の聞く態勢が整い、話に引き込みやすくなります。例えば、聞き手が一番興味のありそうな話題を最初に持ってくると、話し出した瞬間に聞き手の集中力が一気に高まります。シナリオを作成する際には、聞き手にとってどんなアプローチが効果的か、聞き手との距離がどうしたら縮まるかを考えるようにしましょう。

プレゼンテーションの冒頭で聞き手の興味を引く方法を確認しましょう。

■経験・実績をPRする

自分の豊富な経験や実績を紹介し、これから話す内容に価値があることをアピールします。

<例>

私は○○会社で○年間、○○や△△、××のプロジェクトのリーダーを務め、これらのプロジェクトを成功に導いてきました。

■データを示す

インパクトのあるデータを最初に提示します。

<例>

○○会社の調査結果によると、昨今の情報漏えい事件の原因の○○%が、個人の不注意によるものだそうです。

■質問する

聞き手が抱えている問題について、質問を投げかけます。

<例>

メールを送信する際に、思わずヒヤッとしたことはありませんか？

■ エピソードを話す

具体的なエピソードから切り出します。

<例>

> 実は昨日、非常に不思議な体験をしました。それは・・・。

■ 笑いを誘う

ユーモアを交えて、会場の雰囲気が和む話をします。ただし、話の要旨がわかりにくいと逆効果になる場合もあるため、注意が必要です。

<例>

> 最近では、「パソコンが落ちた！」というと、「どこに？」なんて返す人もいなくなりましたね。

3　最後も肝心

プレゼンテーションは最初の3分が肝心であるのと同時に、**「終わりよければすべてよし」**ともいわれるように、どう終わるかがとても重要です。プレゼンテーションの最後では、自分の主張をもう一度繰り返し、聞き手にさらに理解を深めてもらったり、今後の協力をお願いしたりするようにします。

また、予定どおりの時間で進行しなかったときのために、時間調整する方法を検討しておきましょう。**「時間が足りなくなったら、○○の説明を省略する」「時間が余ったら、○○の補足説明を加える」**といったように、事前に調整方法を決めておくと、その場で慌てずに対応することができます。

STEP**3** パーソナリティが与える影響

1 笑顔

発表者のパーソナリティは、プレゼンテーションの成否を大きく左右する要素のひとつです。笑顔は、プレゼンテーションの冒頭で、発表者の印象に大きく影響します。人は一般的に、好感の持てる人の話には真剣に耳を傾けますが、好感の持てない人の話には耳を傾けようとしない傾向にあります。

笑顔は、聞き手との間に友好的な雰囲気を作り出し、好感度を上げることができます。プレゼンテーションを実施している間は、緊張してつい真剣な顔になりがちですが、聞き手に威圧感を与えることもあります。終始にこにこ笑っている必要はありませんが、挨拶のときや聞き手からの質問を受けているときなど、意識的に口角を少し上げるとよいでしょう。

また、オンラインの場合は、細かい表情までが相手に伝わります。硬い表情や自信のない表情にならないように注意しましょう。

2 服装と身だしなみ

だらしない服装や身だしなみは、聞き手の印象を悪くします。プレゼンテーションを実施する際の服装は、ビジネスにふさわしいものを選びます。特に聞き手が自社以外の人である場合は、失礼のないように注意しましょう。

服装と身だしなみは、次のような点をチェックします。

項目	チェックポイント
ワイシャツ ブラウス	● 清潔な印象を与えるか ● ほころびや汚れはないか ● 色柄は派手過ぎないか
ネクタイ	● スーツと調和しているか ● 曲がっていないか
ズボン	● 折り目はついているか ● 裾がほつれていないか
スカート	● 丈の長さは適当か ● 裾がほつれていないか
靴下	● 清潔か ● 服装と調和しているか

項目	チェックポイント
カバン	● 服装と調和しているか ● 名刺は名刺入れに携帯しているか
靴	● 磨かれているか ● かかとは磨り減っていないか
アクセサリー	● 華美でないか ● 多過ぎないか
髪	● フケがついていないか ● 長い場合はまとめているか
ひげ	● きちんと剃っているか
爪	● 爪は伸び過ぎていないか ● 派手なネイルをしていないか
化粧	● 清潔な印象を与えるか ● 健康的な印象を与えるか

POINT ▶▶▶

オンラインでも服装に注意

オンラインでプレゼンテーションを行うときにも服装に注意が必要です。
特に自宅では、つい気を抜いて部屋着のままプレゼンテーションを始めることがあるかもしれませんが、画面上に自分の姿が映る場合、聞き手に見えることがあります。聞き手に失礼のない服装に着替えましょう。

3　姿勢

腕を組んだり腰に手をあてたりした状態で話すと、聞き手に威圧感を与えたり、悪い印象を持たれたりします。また、背中を丸めたり、うつむいたりした状態で話すと、自信がないように受け取られてしまいます。プレゼンテーションでは、美しい姿勢を保ち、堂々と話すことが重要です。
プレゼンテーションを実施する際には、次のような姿勢を心掛けましょう。

● 背筋を伸ばす
● 重心を足の指の付け根におく
● 頭をまっすぐにして、軽くあごを引く
● 肩の力を抜いて左右の高さをそろえ、胸をはる
● 両足を軽く開く

STEP4 聞き手を引きつける話し方

1 声の大きさ

プレゼンテーションでは、聞き手全員に内容がはっきり聞こえることが絶対条件です。さらに、抑揚や強調がはっきりすることで、メリハリのあるプレゼンテーションになります。

オンラインの場合は、相手が1～2m先にいるようなイメージで話すようにすると、相手が聞き取りやすい声になります。

また、対面で広い会場の場合は、マイクを使いましょう。聞かせるという最低限の目的のために余分な配慮をする必要がなくなります。

2 口癖

説明の中に頻繁に出てくる口癖は聞き手が耳障りに感じて、集中力の妨げになります。たいていの場合、無意識に発しているため、口癖が何で、何分間のうちに何回言っているかは自分では把握しづらいものです。自分のプレゼンテーションを録音して聞き返すところから対策を始めましょう。リハーサルでその口癖を言いたくなったら、間をとります。あとはリハーサルを繰り返し、改善していきましょう。

主な口癖が与える印象と個々の改善方法は、次のとおりです。

口癖	印象	改善方法
あのー えー えーっと	歯切れの悪い印象	●不要な言葉なので間をとる
あっ	自信のなさそうな印象	●ゆっくり落ち着いて、間を作りながら話す
○○ですしい ○○をー ○○なのでぇ	慣れ慣れしく幼い印象	●語尾を言い切る
一応・・・ ○○みたいな・・・ ○○というかたち	曖昧な印象	●不要な言葉なので使用しない
わたし的には 弊社的には	私的な印象	●不要な言葉なので使用しない ●「私は」「弊社は」とはっきり述べる

3　言葉づかい

聞き手を見下した言葉や自分を卑下するような言葉を使ってはいけません。

また、**「敬語」**は正確に使います。使い慣れない敬語はぎこちなく、不自然に聞こえてしまいます。日ごろから正しい敬語を使うように心掛け、自然に口にできるようにしておきましょう。

ただし、過剰な敬語は自分と聞き手の距離を広げてしまい、かえって逆効果になることもあります。正しい敬語を認識したうえで、その場の雰囲気に合わせて適切な敬語を使いましょう。

敬語には、次の3種類があります。

種類	説明
尊敬語	聞き手や第三者の動作や状態に対して使う言葉
謙譲語	自分や自社の社員の動作や状態に対して使う言葉
丁寧語	聞き手に対して敬意を表す意味で丁寧に伝える言葉

POINT ▶▶▶

尊敬語と謙譲語

よく使われる尊敬語と謙譲語には、次のようなものがあります。

単語	尊敬語	謙譲語
言う	おっしゃる　言われる	申す　申し上げる
する	なさる　される	いたす
いる	いらっしゃる　おいでになる	おる
行く	いらっしゃる	うかがう
来る	おいでになる　お見えになる　お越しになる	参る
見る	ご覧になる	拝見する
聞く	お聞きになる	うかがう　承る　拝聴する
食べる	召し上がる	いただく
もらう	お受けになる	いただく
思う	思われる	存ずる
知る	ご存じ	存じ上げる
会社	御社　貴社	弊社　当社　小社

4 声のトーンと話すスピード

声のトーンや話すスピードも、発表者の印象やプレゼンテーションのわかりやすさを左右する重要な要素のひとつです。

トーンの高過ぎる声は明るい印象を与えると思われがちですが、実際にはかん高い声と受け取られ、幼い印象を与えたり、聞き手を疲れさせたりすることがあります。逆に、トーンが低過ぎる声はこもりやすく、暗く消極的なイメージで受け取られてしまいます。

普段から自分の声のトーンを意識し、トーンの高い人は少し抑え気味に、トーンの低い人は無理にトーンを上げるのではなく、声がよく通るような発声を心掛けましょう。

また、話すスピードが遅過ぎると、聞き手をイライラさせてしまう原因となり、逆に、話すスピードが早過ぎると、せわしない印象を与えます。

話すスピードは、1分間に240〜300文字程度を目安に話すとよいでしょう。緊張すると早口になる傾向のある人は、早口にならないように注意が必要です。

 一文の長さ

「○○なので」「○○ですが」などの言葉で一文を長くつなげると、聞き手が要点を把握しにくくなります。一文の中に無理に複数の事柄を盛り込もうとせず、ひとつの事柄に絞って文を区切るとよいでしょう。

＜例＞

 製品Aはデザインが優れているので、女性に人気が高いようですが、製品Bは機能面が充実しており、ビジネスマンを中心にファンが多いようです。

 製品Aはデザインが優れているので、女性に人気が高いようです。一方、製品Bは機能面が充実しており、ビジネスマンを中心にファンが多いようです。

5 強調と間の取り方

オンラインでは、対面で話すよりも音声が聞き取りにくくなります。また、対面よりも集中力が持たないので、飽きさせない工夫が必要です。

相手を引きつけるためには、重要な箇所を強調したり、間を取ったりして、相手に伝わるように表現することも大切です。

■重要な箇所を強調する

重要なキーワードを強く言ったり、静かにゆっくり言ったりすることで、聞き手を引きつけることができます。

さらに、大事な箇所は感情をこめて表現すると、効果的です。

<例>
●重要な箇所（赤字）を強調して話す

この商品のセールスポイントには、大きく3点あります。

情報セキュリティ対策を検討する際には、どのようにしてセキュリティ事故を防ぐかということだけでなく、セキュリティ事故が起こってしまった場合にどのように対処するかということを考えておく必要があります。

■強調したい言葉の前後に間を取る

言葉の前後に間を取ることで聞き手を引きつけることができます。
言葉を強調したり、聞き手に内容を整理させたりする効果があります。

<例>
●強調したい言葉（赤字）の前後に、1秒程度の間を取る

ステイホームの効果により、今年度のこの商品の売上は、前年度比（間）180％（間）に伸びています。

<例>
●話を変えるときに、2秒程度の間を取って聞き手に内容を整理させる

ここまでは、新商品のセールスポイントについてご紹介しました。（間）
次に、今後の拡販計画についてお話しします。

スライドの切り替え

参考

オンラインでは、発表者がスライドを切り替えたタイミングでネットワークに負荷がかかるため、音声が途切れる場合があります。切り替えるタイミングと、話を始めるタイミングを分けるようにしましょう。切り替え後2〜3秒程度、間を開けて話し始めるとよいでしょう。

6 熱意と自信

発表者の熱意が伝わらないプレゼンテーションは、どんなに優れた提案でも、聞き手に受け入れてもらえないことがあります。発表者の熱意を伝えるためには、何よりもまず、発表者自身が自信を持ってプレゼンテーションに臨むことが重要です。

熱意と自信が感じられるプレゼンテーションを実施するためには、次のようなことに気を付けましょう。

■ はっきりと話す

語尾が小さくなればなるほど、自信がないように聞こえてしまいます。大きな声で語尾まではっきりと話しましょう。

■ 身振り手振りを交える

緊張すると、棒立ちになってしまいがちです。プレゼンテーションの展開に合わせて、時々、身振り手振りを交えながら話をすると、表現力豊かな印象を与え、堂々として自信があるように感じられます。

特にオンラインの場合は身振り手振りが重要です。一方的にしゃべるだけでなく、発表者に動きを付けることで、聞き手の注意を引きつけることができます。

STEP 5 聞き手の理解力と発表者の表現力

1 専門用語

専門用語の使い方には注意が必要です。前提知識のない聞き手にとって、専門用語が頻繁に登場するプレゼンテーションは、難解で退屈なものになってしまいます。場合によっては、聞き手が専門用語をまったく違う意味に解釈してしまい、発表者の主張が正確に伝わらないこともあります。

前提知識のない聞き手に対しては、専門用語をできるだけ使わずに説明するようにしましょう。どうしても使う必要がある場合は、最初に専門用語の定義を説明し、聞き手に正しく理解してもらったうえでプレゼンテーションを進めます。

一方、聞き手に前提知識がある場合は、専門用語を使った方が、早く正確に要点を伝えることができます。プレゼンテーションを効率よく進めるためにも、聞き手の知識レベルについて、きちんと情報収集しておくことが重要です。

聞き手の理解や賛同を得るためには、肯定的な表現が効果的です。できないことに焦点をあてて否定的な説明をするのではなく、できることを強調して説明するとよいでしょう。

<例>
●製品に含まれていない機能を紹介する場合

○○機能はニーズも低く、価格も高くなるため、搭載しておりません。

リーズナブルな価格を維持するため、ニーズの高い機能を優先し、○○機能は搭載しておりません。

<例>
●商品の安全性を説明する場合

商品Aと商品B以外は、まだ安全性が確認されていません。

商品Aと商品Bについては、すでに安全性が確認されています。

STEP 6 効果的な視線の配り方

1 視線

プレゼンテーションを行う際の視線をどう向けるかは、聞き手の安心感を生み出す重要なテクニックです。対面形式・オンライン形式それぞれの視線の向け方を確認しましょう。

■ 対面形式

プレゼンテーションの実施中は、ずっと下を向いてシナリオを読むことのないように注意し、聞き手全員に語りかけるように視線を配りましょう。時々、タイミングよく聞き手と視線を合わせると、聞き手との距離感を縮めたり、聞き手の理解度を確認したりできます。

ただし、ひとりの聞き手とばかり視線を合わせていると、聞き手が不快に感じたり、他の聞き手が疎外感を感じたりすることもあります。会場にいる聞き手全員に対し、満遍なく視線を向けるようにしましょう。また、視線を動かすスピードにも注意しましょう。全体を見ることも必要ですが、素早く視線を動かしてはいけません。一人に対して1〜2秒程度見るつもりで、視線を動かすようにしましょう。会場全体を見渡すときの視線の動かし方には、次のようなパターンがあります。

● 端から順番に

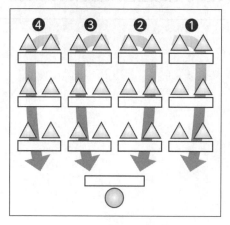

● 「Z」型に

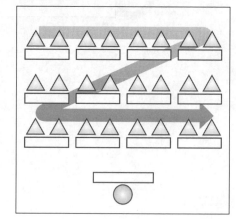

●「の」型に

■ オンライン形式

オンラインの場合は視線をカメラに向けます。視線がカメラから外れて泳いだり、関係ない場所を見たりすると、聞き手に不信感が生まれます。対面の場合以上に、視線に注意しましょう。資料を確認する場合でも、上下に移動するとよいでしょう。視線が左右に移動すると、キョロキョロしているように感じられます。特に、重要なキーワードや話の間のタイミングは必ず聞き手に目を向けるつもりで、カメラを見ることを意識しましょう。

カメラに視線を向ける

視線が左右に揺れると
キョロキョロしているように見える

参考

発表者のカメラ画像

Web会議システムのピクチャーインピクチャー機能を使うと、自分の姿を見せながら、プレゼンテーションを行うことができます。スライドだけを映していると単調なプレゼンテーションになりますが、自分の姿を映すことで、聞き手が飽きずに視聴できるようになります。

春の新商品紹介
サマークールシャンプー
トリートメント

134

STEP 7　リハーサル

1　リハーサルの必要性

「リハーサル」とは、本番の予行演習のことです。プレゼンテーションの本番は誰でも緊張するものです。緊張し過ぎると、発表時間が足りなくなったり、プロジェクターが正常に動作しなかったりなど、予期せぬ出来事が起こったときに慌ててしまい、適切に対処できなくなることもあります。

最後まで堂々と落ち着いてプレゼンテーションに臨むためにも、事前に必ずリハーサルを行いましょう。リハーサルでは、プレゼンテーション資料のミスを発見したり、話の展開に無理がないかどうかを確認したりすることができます。また、プレゼンテーションの所要時間の目安もつかめるため、時間配分を検討したり、構成を見直したりすることもできます。

2　リハーサルの時期

リハーサルを本番直前に行うと、構成やシナリオを見直したり、プレゼンテーション資料を修正したりする時間が足りなくなり、結局は準備不足のまま本番に臨むことになります。より効果的なプレゼンテーションを実施するためにも、リハーサルは本番直前に行うのではなく、できるだけ早い段階から何回か行うのが理想的です。リハーサルを繰り返すことによって、パソコンや机に向かって考えているときとは違ったアイデアや、より的確な説明方法が見つかることもあります。

3　リハーサルの種類

リハーサルには、1人で行う**「自己リハーサル」**と、第三者の立ち会いのもとで行う**「立ち会いリハーサル」**があります。まずは自己リハーサルで練習を重ね、見直すべき点を修正したうえで、立ち会いリハーサルに臨むようにします。

立ち会いリハーサルには、会社の同僚や上司など、2〜3人の人に立ち会ってもらい、評価者の視点に加え、聞き手の視点でも評価してもらうようにしましょう。

自己リハーサルの実施方法

自己リハーサルを行う手順は、次のとおりです。

 1 プレゼンテーションの内容を確認する

● 設計シートやシナリオを使って、プレゼンテーションの内容を確認する

 2 時間配分や説明のポイントを検討する

● 各項目の説明にかける時間配分や説明のポイント、強調の仕方などを検討する

 3 声に出して練習する

● シナリオを見ながら、自分の言葉で説明する
● できるだけ本番と同じスピードで話して、所要時間を確認する

 4 話し方や説明の仕方を検討する

● スムーズに説明できなかった箇所や説明がわかりにくかったと思われる箇所をチェックし、適切な説明に変更する

5 繰り返し練習する

● 修正した箇所を中心に、繰り返し練習する
● シナリオの各ページをひと目見ただけで、すらすらと説明できるまで練習する

参考 ビデオ撮影

ビデオが利用できる場合は、リハーサルの様子を撮影し、自分の姿を客観的に見てみるとよいでしょう。撮影結果を見ることで、顔の表情や声のトーン、説明の仕方などが、自分が考えていたイメージと違うことに気付いたり、自分では気付かないような癖を発見できたりします。

5 立ち会いリハーサルの実施方法

立ち会いリハーサルを行う手順は、次のとおりです。

 立ち会いを依頼する

- ●立ち会いを依頼する人のスケジュールを確認し、依頼する
- ●対面の場合は、リハーサルの会場を予約する

 チェックシートを準備する

- ●事前にチェック項目を挙げ、チェックシートを作成する
- ●立ち会う人にチェックシートを渡し、評価してもらう項目とチェック基準を説明する

 リハーサルを行う

- ●練習したとおりにプレゼンテーションを実施する

 評価を確認する

- ●リハーサルが終わったら、立ち会った人の評価結果を確認する
- ●必要に応じて、その場で感想やアドバイスをもらう

5 **プレゼンテーションを再検討する**

- ●立ち会った人からの評価をもとに、全体の構成や説明の仕方、プレゼンテーション資料などを再検討し、改善する

(!) POINT ▶▶▶

オンラインのリハーサル

オンラインでプレゼンテーションを行う場合も、立ち会いリハーサルを行いましょう。
本番で使用するWeb会議システムに実際にログインし、チームメンバーなどに発表者がカメラにどのように映っているか、話すスピードは問題ないかなどを確認してもらいます。
また、チャット機能を使って質問が来たときの対応など、チームメンバーとの役割も確認しておくとよいでしょう。

6 チェックシートの項目

リハーサルのチェックシートには、次のような項目を挙げ、立ち会う人にそれぞれ評価してもらいましょう。

	チェック項目	評価	コメント
導入	きちんと挨拶ができているか	A　B　C	
話し方	聞き取りやすい声の大きさで話しているか	A　B　C	
	聞き取りやすいスピードで話しているか	A　B　C	
	正しい言葉づかいで話しているか	A　B　C	
	強調や間の取り方が適切か	A　B　C	
	シナリオを棒読みしていないか	A　B　C	
	専門用語の使い方が適切か	A　B　C	
	視線の動きが適切か	A　B　C	
内容	説明がわかりやすいか	A　B　C	
	間違った説明をしていないか	A　B　C	
	ストーリー展開が論理的で、矛盾はないか	A　B　C	
	訴求ポイントを確実に伝えているか	A　B　C	
	資料に誤字脱字などの間違いはないか	A　B　C	
全体	時間配分は適切か	A　B　C	
	終わり方は適切か	A　B　C	
	全体の印象がよいか	A　B　C	

Case Study　リハーサルで発表技術を身に付けよう

実際のビジネスシーンを想定して、プレゼンテーションの進め方について考えてみましょう。

> 家電製品の製造および販売を行うFエレクトロニクス株式会社の商品企画部に所属する森田和樹さんは、キッチン家電の商品企画を担当しています。
> 1週間後に控えた販売店様向け新商品発表会で、蓄電機能付き炊飯器のプレゼンテーションを担当する森田さんは、同僚に立ち会いを依頼し、リハーサルを行うことにしました。

さて、森田さんはどのようなリハーサルを行ったのでしょうか。

✕　この事例の悪いところは？

森田さんのリハーサルの様子は、図のとおりです。

このリハーサルの様子から、森田さんの発表技術について、どのような点に問題があるのかを考えてみましょう。

【森田さんのリハーサルの様子】

◎ こうすれば良くなる！

森田さんは、本番までに、もう少し発表技術を磨く必要がありそうです。
聞き手を引きつけるプレゼンテーションを実施するためには、どのようにリハーサルを進めたらよいかを確認しましょう。

❶ 立ち会いは数人に依頼する

森田さんは同僚1人に立ち会いを依頼したようですが、立ち会いが同僚1人だけとなると、つい評価が甘くなったり、見落としが生じたりする可能性があります。立ち会いリハーサルには、できるだけ2〜3人の人に立ち会ってもらい、複数の目で評価してもらうようにします。可能であれば、同僚だけでなく、上司にも立ち会ってもらうとよいでしょう。

❷ 自分の主張に自信を持つ

森田さんは自信がなさそうです。発表者のちょっとした表情や態度は、聞き手の聴こうという姿勢に大きく影響します。発表者は自分の主張に自信を持って堂々とプレゼンテーションに臨み、聞き手を自分の世界に引き込むように努めましょう。

❸ 服装や身だしなみをおろそかにしない

ネクタイが緩んでいるなど、だらしない服装や身だしなみは、聞き手の印象を悪くします。聞き手の前に立った時点で、すでにプレゼンテーションは始まっていると考えなければなりません。たとえリハーサルであっても、本番同様の緊張感を持って臨みましょう。本番のプレゼンテーションで聞き手が自社以外の人である場合は、特に失礼のないように注意する必要があります。
また、服装や身だしなみの他、美しい姿勢を保ち、堂々とした姿勢で話すことも重要です。

❹ シナリオを作成する

話す内容を忘れてしまったり、伝えるべき内容に漏れがあったりすることのないように、スライドごとに要点や補足事項などをまとめたシナリオを作成しておきましょう。シナリオが手元にあるだけでも、落ち着いて話をすることができます。

❺ 口癖をなくす

森田さんは、会話の始めに「**あっ**」「**えーっと**」と付けたり、語尾を伸ばしたりする口癖があるようです。このような口癖は歯切れが悪く、聞き手に対して、自信がなさそうな印象、または幼稚な印象を与えてしまいます。口癖は不要なものです。日ごろから自分の口癖をチェックし、意識してなくすように心掛けましょう。

❻ 最後まで大きな声で話す

小さな声は自信がないように感じられるだけでなく、聞き手をイライラさせる原因となります。また、森田さんのように最後が尻すぼみになると、「**搭載していません**」なのか「**搭載しています**」なのかが判断できず、正確に理解してもらえないこともあります。プレゼンテーションでは、聞き手全員にはっきりと聞こえるように、最後まで大きな声で話します。

❼ 肯定的な表現をする

森田さんは、「**〇〇機能は開発コストがかかり、価格に影響するため、搭載していません。**」という伝え方をしています。このように、できないことを強調してしまうと、せっかくの提案内容も魅力的に感じられません。聞き手の理解や賛同を得るためには、できるだけ肯定的な表現を使うようにします。「**お客様にリーズナブルな価格でご提供するため、ニーズの高い〇〇機能を優先し、〇〇機能は搭載しておりません。**」または「**〇〇機能は将来的に搭載する予定です。**」などと伝えるとよいでしょう。

❽ 評価者にチェックシートを渡す

立ち会う人には、リハーサル前にチェックシートを渡しておき、リハーサル中に話を聴きながら評価してもらいましょう。リハーサルが終わったら、立ち会った人の評価結果を確認し、必要に応じて、その場で感想やアドバイスをもらいます。チェックシートは、評価結果を後で振り返るのにも役立ちます。

■第6章■
説得力のあるプレゼンテーションを実施しよう

STEP 1 配布資料の事前準備

1 配布資料の準備

対面形式の場合、プレゼンテーションを実施する際には、必要に応じて、プレゼンテーション資料を印刷して聞き手に配布します。配布資料が手元にあると、聞き手はプレゼンテーションの実施中に参考にしたり、メモを書き込んだりすることができます。また、プレゼンテーションの終了後に持ち帰って、もう一度目を通したり、検討したりすることもできます。

オンライン形式の場合は、メールなどで聞き手にプレゼンテーション資料を配布します。

2 配布資料作成時の注意点

配布資料を作成する場合は、次のようなことに注意しましょう。

■誤字脱字などを確認する

誤字脱字や内容の間違いが多い資料は、聞き手に不信感を抱かせる原因になります。また、内容の間違いに気付かずにいると、聞き手が書いてあるとおりに理解してしまい、思わぬトラブルにつながることも考えられます。配布前に、表記や内容に間違いがないかどうかを念入りにチェックしましょう。

人は自分で書いた文章の誤字脱字を補って読んでしまう性質があるので、必ず自分以外の人にチェックしてもらいます。

■著作権の所在を明記する

書籍や新聞、インターネットのWebサイトなどから引用した情報やデータを利用する場合は、必ず著作権の所在や出典元を明記します。

■ 必要な情報のみを抜粋する

配布資料は、必ずしもプレゼンテーション資料と同じである必要はありません。例えば、発表前の非公式な情報などは、プレゼンテーション資料に掲載し、配布資料には掲載しないようにすることもできます。必要に応じて情報を抜粋し、配布資料がひとり歩きしても問題のないようにしておきましょう。

■ ページ番号を入れる

スライドの枚数が多くなる場合は、ページ番号を入れます。説明をする際にも、ページ番号を示して話を展開できるため、聞き手が目的のページを探しやすくなります。

■ 色の出方を確認する

プレゼンテーション資料を印刷する場合、プリンターによって、色の出方が微妙に異なることがあります。意図したとおりの色合いかどうかを確認し、極端に異なる場合は、必要に応じてデータの色を変えるか、プリンター側で微調整を行いましょう。また、カラーで作成したプレゼンテーション資料を白黒で印刷すると、濃淡の具合によって、文字や図形などが見にくくなることがあります。印刷する前に白黒の濃淡を確認し、見にくい部分は調整します。

■ ページレイアウトを工夫する

プレゼンテーション資料を印刷する場合、各ページの情報量と、聞き手がメモするスペースを考慮しながら、1ページに何枚分のスライドを配置するかを決めます。情報量の多いプレゼンテーション資料の場合、1ページに多くのスライドを配置すると、読みにくくなってしまいます。特に重要なプレゼンテーションの場合は1ページに1枚を基本とし、多くても4枚程度にするとよいでしょう。PowerPointなどのプレゼンテーションソフトを利用すると、聞き手がメモを書き込めるスペースを付けて印刷することも可能です。

3 　その他の配布物の準備

プレゼンテーションを実施する際には、配布資料の他に、必要に応じて次のような配布物を準備しておきましょう。

- ●提案する商品のサンプル
- ●商品やサービスのカタログ
- ●自社の会社案内や業務案内
- ●自社や商品のPRに役立つノベルティグッズ　など

1 実施環境の確認

プレゼンテーションを成功させるためには、実施環境の確認も重要です。どんなに完璧なプレゼンテーション資料を用意しても、パソコンの電源が確保できなかったり、外部ディスプレイが正常に動作しなかったりすると、プレゼンテーションどころではなくなってしまいます。

本番で落ち着いてプレゼンテーションに臨むためにも、できるだけ早い段階から会場や使用する機器などの確認を計画的に進め、プレゼンテーションの実施環境を万全の状態にしておきましょう。

2 プレゼンテーションの会場

会場を決める際には、予定されている出席者の人数に対して広さは適切か、出席者が集まりやすい場所かといったことを基準に検討します。空調設備が十分に整備されていなかったり、照明が暗過ぎたりすると、聞き手がプレゼンテーションに集中できない原因となります。空調設備は温度や湿度の調整が可能か、照明は明るさの調整が可能か、必要な機器の電源が確保できるかといったことを、事前に確認しておきましょう。

プレゼンテーションの会場としては、自社の会議室や応接室の他に、聞き手の会社の施設やホテルの宴会場などが考えられます。会場までの所要時間や交通機関、最寄り駅からの道順なども正確に把握しておき、当日は時間に余裕を持って到着できるようにしましょう。

3 プレゼンテーションのツール

会場のパソコンを使う場合は、プレゼンテーション用のデータに対応するアプリケーションソフトがインストールされているかどうかを確認しておく必要があります。また、実際にパソコンを起動し、正しく動作することを確認しておくと、安心して本番に臨むことができます。本番で慌てないために、機器の接続方法や操作方法も確実にマスターしておきましょう。

一方、会場にパソコンを持ち込む場合は、電源が確保できるかどうか、電源ケーブルが届くかどうかなどを確認しておきます。また、万一、電源が確保できなかった場合に備えて、当日はパソコンのバッテリーを充電しておきましょう。

4 その他の確認事項

プレゼンテーションの実施環境を万全な状態にしておくために、会場やツールに加え、次のような項目についても確認しておきましょう。

項目	チェック内容
机や椅子	● 予定されている出席者の人数分の机と椅子がそろっているか ● 机や椅子の配置は適切か
照明や陽射し	● 明るさは適切か ● 照明のスイッチはどこにあるか ● 窓からの陽射しや照明が反射して見にくくないか
配線	● 電源ケーブルや機器の接続ケーブルが邪魔にならないように配線できるか
備品	● ホワイトボードやマーカー、指し棒、マイクなどがそろっているか
会場外の設備	● 休憩場所、トイレはどこにあるか ● 非常時の避難通路はどこにあるか ● 清掃が行き届いているか
緊急対応	● 会場や機器などにトラブルが発生した場合の担当窓口はどこか、どのように対処すればよいか

参考

受付

数十人から数百人の出席者を集めて実施するような大規模なプレゼンテーションでは、会場の入口に受付を設置します。受付業務に関しては、次のような準備が必要になります。
● 出席者の出欠を確認する名簿
● 名刺入れ
● トイレや非常口などの案内板
● 配布資料やアンケート用紙、持ち帰り用の袋

STEP3 実施環境の事前確認（オンライン形式）

1 実施環境の確認

オンラインの場合も、実施環境の確認が重要です。
本番で落ち着いてプレゼンテーションに臨むために、使用する機器などの確認を計画的に進めましょう。

2 カメラの設置

カメラを設置する際には、カメラの高さ（上下の角度）と距離に注意しましょう。ノートパソコンについているカメラをそのまま利用すると、顔を下から見上げる形になります。これは、見栄えがよくありません。PCスタンドや本などを使ってパソコンの高さを調整して、カメラは目線の高さに合うようにします。

また、カメラと自分との距離が近いと、画面に頭が収まらず、顔がアップで表示されます。これは、聞き手に威圧的な印象を与えるので好ましくありません。顔は画面の中央で、頭が収まる程度のバストアップになるようにカメラとの距離を調整しましょう。

カメラと視線を合わせる

画面に頭が収まる程度の
バストアップの距離に調整

3 背景の準備

カメラで撮影する場合、自分の背景にも注意しましょう。

Webカメラで撮影した映像を配信すると、通常では撮影会場がそのまま背景として映し出されます。自宅などで配信する場合、聞き手に見せたくないものが映り込んでしまい、背景によっては聞き手が集中できなくなる可能性があります。

このような場合は、聞き手に見せたくないものを片付けるか、配信用の背景画像を用意するとよいでしょう。Web会議システムには、本来の映像と入れ替えて背景に自分が用意した画像を映し出せる機能が備わっているものがあります。自社の商品名やPRなどが入った画像を用意しておくと、自社のPRにもつながります。

生活感が感じられる背景

自社ロゴなどの背景

 POINT ▶ ▶ ▶

照明の利用

Web会議用ツールでは、自動的に画面の明るさが調整されます。窓を背にした逆光であったり、部屋自体が暗かったりする状態では、人物が極端に暗くなってしまいます。このような場合は、照明を使いましょう。

STEP4　プレゼンテーションの実施

1　発表の開始

聞き手の分析に始まり、プレゼンテーション資料の作成、リハーサルなど、入念な準備を重ね、いよいよプレゼンテーションの本番です。

プレゼンテーションを実施する際は、いきなり本題に入るのではなく、次のような手順を踏む必要があります。

1　挨拶をする

- 出席者に対してお礼の言葉を述べる
  <例>「本日はお忙しい中、お時間をいただきまして誠にありがとうございます。」

2　自己紹介をする

- 所属、氏名などを名乗り、プレゼンテーションの開始を宣言する
  <例>「本日○○の説明を担当する○○部○○です。よろしくお願いします。」
  「○○株式会社○○部○○と申します。○○についての説明をいたします。どうぞよろしくお願いいたします。」

3　予定時間を説明する

- 所要時間の目安を告げる
  <例>「○○についての説明は○○分を予定しております。」

4　注意事項を説明する

- オンラインでは、回線の状況によって視聴に不具合がある可能性などについて、注意事項を説明しておく
  <例>「聞き取りづらいときはいつでもおっしゃってください。」
- オンラインでは、しばらく話さない人や周囲に騒音がある人は、発言時以外はミュートにしてもらう
  <例>「恐れ入りますが、発言時以外はミュートにしていただけますでしょうか。」

5　配布物を確認する

- 配布物に漏れや間違いがないかどうか、聞き手に確認を促す
  <例>「受付で本日の資料をお配りしております。○○と○○がお手元にあることをご確認ください。」

6 プレゼンテーションを開始する

●これから本題に入ることを告げる
<例>「それでは、説明に入らせていただきます。」

📖 参考 参加者の確認

オンラインの場合は、関係者がそろっているか、関係者以外が参加していないか、Web会議システムの参加者一覧で確認しましょう。

2 発表

発表前の挨拶や注意事項の説明が済んだら、プレゼンテーションの本題に入ります。

プレゼンテーションを成功させるためには、発表者の主張を聞き手に受け入れてもらう必要がありますが、発表者は聞き手に対して無理にへりくだる必要はありません。リハーサルで練習したとおりに、熱意と自信を持って発表しましょう。
さらに、大勢の人を前にすると、極度に緊張してしまうことも少なくありません。緊張を少しでも和らげるために、次のような方法で気持ちをコントロールしましょう。

■一定の緊張感を持つ

一定の緊張感があった方が、プレゼンテーション全体が引き締まるという気持ちで発表しましょう。

■自己暗示にかける

「**十分に準備をしてきたのだから大丈夫**」と自分に言い聞かせましょう。そのためには、自信を持てるだけの十分なリハーサルが必要です。

■会場の雰囲気に慣れる

対面の場合は、できればプレゼンテーションの開始時間よりも30分程度余裕を持って会場に入り、その場の雰囲気に慣れておくとよいでしょう。

■身体を動かしてリラックスを心掛ける

発表前に、深呼吸をしたり肩の力を抜いたりして、気持ちを落ち着かせましょう。

発表中は緊張して余裕がなくなりがちですが、プレゼンテーション資料やシナリオばかりに目を向けず、聞き手の表情をよく観察しながら話しましょう。

■対面形式

聞き手が居眠りをしていたり、あくびをしていたりなど、飽きている素振りが見られた場合は、発表者の話し方やプレゼンテーションの内容に問題があると考えなければなりません。そのような場合でも慌てず臨機応変に対応できるように、対応策を考えておくとよいでしょう。

発表中の聞き手の反応には、次のようなものがあります。退屈な表情や疲れた様子が見られたら、すばやく適切な対応を心掛けましょう。

動作	状態
うなずく	同意
目を合わせる	同意、質問がある
物をいじる	退屈、疲労
体をもじもじさせる	退屈、疲労、休憩したい
遠くを見る	退屈、疲労、飽きている
首をかしげる	反対意見、理解できない、質問がある

聞き手が退屈している様子が見られた場合には、次のような原因が考えられます。その場で原因を特定できなくても、聞き手の反応の変化を見ながら、説明に引きつける努力をしましょう。

聞き手の状況	原因	対応例
プレゼンテーションの内容に耳を傾けてくれず、退屈そうにしている	内容が聞き手のニーズに合っていない、発表者の説明に説得力がないなどの原因が考えられる	聞き手の興味がありそうな内容から先に話したり、発表者自身の体験談や失敗談、具体的な事例などを話したりして、その場の雰囲気を変える
プレゼンテーションの内容に同意せず、怪訝そうな表情をしている	聞き手がプレゼンテーションの内容を十分に理解できていないなどの原因が考えられる	「ここまでの内容で不明な点はありませんか」のように質問を促したり、「念のため○○について詳しく説明しておきます」のように噛み砕いて説明したりして、不明な点を解消する

参考

話の間

話の間は、話に区切りを付けたり、聞き手の注意を喚起したりなど、様々な場面で活用できます。ただし、あまりにも間が長いと、なぜ沈黙しているのかがわからず、かえって聞き手が不安になったり、注意力が散漫になったりします。話の間は、聞き手の反応やその場の雰囲気に合わせて効果的に活用しましょう。

■オンライン形式

オンライン形式の場合は、対面形式と違って聞き手の表情や動作、状況などがわかりません。可能であれば、聞き手にもカメラをオンにしてもらいましょう。聞き手の姿が見られるので、反応を感じやすくなります。

回線環境などによっては聞き手のカメラをオンにできない場合もあります。そのような場合は聞き手の反応を引き出すことも必要です。**「ここまでよろしいでしょうか?」「御社での状況はいかがですか?」**など質問にして話すと、声を出してくれる場合もあります。その反応から聞き手の興味度合いを測ることもできます。

4 質疑応答

発表が終了したら**「質疑応答」**の時間を設けます。

質疑応答は、聞き手がプレゼンテーションの内容について納得できなかった点や理解できなかった点などを、発表者と聞き手とのコミュニケーションで解決する貴重な機会です。進行の最後に設けられているため、質疑応答がうまくいかないと、プレゼンテーション自体の失敗につながることもあります。

次の項目について事前に準備をしておきましょう。

●質問を予測したうえで想定問答集を作成し、ベストの回答を用意しておく
●専門家の同行がある場合、事前にどの分野を誰が答えるかを決めておく

■ 質問しやすい雰囲気を作る

「**質問が出ない**」のは「**聞き手が十分理解した**」からではありません。質問は唯一の聞き手のアクションなので、よい発表の後ほど活発な質疑応答になるものです。むしろ質問が出ないプレゼンテーションは、聞き手の心に響かなかったか、発表者から「**質問してほしくない**」という雰囲気が出ているかのどちらかです。「**こんなこと聞いてもいいのかな**」と迷っている聞き手に、安心して質問してもらうために、次のことを心掛けましょう。

> ● にこやかな笑顔と温かいまなざしで、場の雰囲気を作る
> ● 「せっかくの機会ですので、どんな些細なことでも遠慮なく聞いてください」と促す

■ 質問を復唱し、Yesを勝ち取る

質問の内容は2つのタイプにわかれます。ひとつは確認や問題解決のための肯定的な質問、もうひとつは弱点を突いてやろうといった否定的な質問です。
否定的な質問こそ、次のように優しく丁寧に対応することを心掛けましょう。人は親切に対応されているのに怒り続けることはできないものです。また、否定的な質問をクリアできる姿勢で臨めば、肯定的な質問にも対応できます。

> ❶ 聞き手の質問を、一切の反論をせず、最後まで聞き切る
> ❷ 「（ご質問いただき）ありがとうございます」と感謝を述べる
> ❸ 「今のご質問は、〇〇という趣旨でよろしいでしょうか？」と、質問の要約を復唱し、こちらが相手の意図を正しく理解していることを伝える
> ❹ 聞き手から「はい」という単語やうなずくしぐさなど、肯定的な反応を引き出す

「**はい**」という言葉などが引き出せない場合は聞き手に質問して、反応が肯定的になるまできちんと回答します。
肯定的な反応を引き出す理由は「**一貫性の法則**」にあります。人の心理には自分の発した言葉や行動に沿った行動をする癖があり、これを一貫性の法則といいます。聞き手はうなずいたり「**はい**」と言ったりするほど、敵対心がなくなり、こちらの提案に同意する方向に心が動きます。

■質問にそった回答をし、答えになっているかを確認する

質疑応答で、聞き手が一番不満に思うことは、**「質問の趣旨と違う回答をしてしまうこと」**です。勝手な解釈をして質問の真意を理解せずに回答したり、早とちりして聞き手の発言を遮ったりということがないようにしましょう。

その場で答えられる質問には、聞き手が聞きたい内容を結論から先に的確に答えます。その後でその結論に至った理由を添えると、説得力が上がります。

答えられない質問の場合は、80％正しいと思ってもその場で断言して答えてはいけません。確証がない場合は、**「おそらく〇〇だと思いますが、きちんと確認し、後日改めて回答いたします」**と応答します。100％の確信がないことにはいい加減な回答をせず、確認後改めて回答する方が、聞き手は誠実さを感じます。

最後に聞き手の質問に的確に答えているかを、**「これで〇〇様のご質問の回答になっているでしょうか?」**と確認します。相手の意図にそっていればここでも肯定的な反応が得られ、ずれていれば**「そうじゃなくて…」**などと間違いを指摘してもらえます。欲しい回答を提供することで、聞き手の満足につながり、相手を理解したいという自分の姿勢も伝わります。

1
2
3
4
5
6
実践演習
アドバイス
付録
索引

! POINT ▶▶▶
オンラインでの質問の受け方

多くのWeb会議システムには、チャット機能が備わっています。プレゼンテーションの進行中でもチャットを使った質問を随時受け付け、あとから回答や説明の時間を設けるとよいでしょう。

また、チャットでの質問は、チームメンバーがフィードバックまで行ったうえで発表者に伝えるとスムーズです。

! POINT ▶▶▶
時間内に受けられなかった質問への対応

時間内に受けられなかった質問で、回答までに時間的な余裕がもらえる場合はアンケートに記入してもらい、後日回答するようにします。回答を急いでいる場合は、プレゼンテーション資料の最後に記載した連絡先に問い合わせてもらうように依頼します。質問者が当日中の解決を希望している場合は、時間が許せば、プレゼンテーション終了後に個別に対応しましょう。

5　時間管理

プレゼンテーションにおいて、聞き手は大切な時間を費やして参加してくれています。時間の延長は聞き手のその後の業務へ支障を及ぼします。そうでないとしても、聞き手の集中力を削ぎ、プレゼンテーション自体の悪印象へもつながります。開始時間と終了時間は、絶対守るべきものと考えましょう。

リハーサルや、機器・ソフトの確認など、事前の対策は行ってきました。さらに本番では、次の方法で所要時間のずれに対応しましょう。

時計やタイマーをはっきり見える場所に置き、全体の半分を発表したところで必ず時間の確認をします。多くの発表者は、終わりに近づいてはじめて時間が足りない事に気が付きます。そこで気が付いても急に早口にするくらいしか手立てがありません。半分の時点で一度、遅れているか判断できれば、対策はずっと取りやすくなります。遅れている場合は、重要度の低い箇所を省略します。

そのため事前に、省略してもよい箇所を決めておきましょう。プレゼンテーションをしながら省くところを判断するのは難しいことです。進行が遅れていれば動揺もしています。機械的に選択できるよう準備をしておくと安心です。

逆に早過ぎる場合は、ややスピードを落として丁寧に話すか、重要部分をくり返して調整します。同じように、繰り返す部分は事前に決めておきましょう。

6　発表の終了

プレゼンテーションの最後は、聞き手にプレゼンテーションを聞いてくれたことに対してお礼を述べます。さらに、聞き手が会場を気持ちよく退出できるように、最後まで配慮することが大切です。

対面の場合は、最後の聞き手が会場を退出するまで出口の近くに立って見送ります。特に、キーパーソンが退出するときは声をかけ、お礼を述べるとよいでしょう。会場の後片付けなどは、すべての聞き手が退出してから行います。

またオンラインの場合も、聞き手が全員退出したことを確認してから、自分が退出します。

STEP 5 フォロー

1 プレゼンテーションの振り返り

プレゼンテーションが終了したら、必ず反省会を行いましょう。自分自身で振り返ることも大切ですが、プレゼンテーションの場に同席していた同僚や上司に意見や感想を求め、よかった点や改善すべき点などを次のプレゼンテーションの機会に生かすようにします。振り返りを行うことで、自分自身のスキルアップにつながります。

2 アンケート

「アンケート」は、聞き手の満足度や理解度、発表した内容への興味の有無などを確認し、プレゼンテーションの成果を客観的に判断する材料となります。また、聞き手の新しいニーズを探ることもできます。

プレゼンテーションの目的や聞き手の立場・地位にもよりますが、できるだけアンケートを用意し、プレゼンテーション終了後に記入してもらうようにしましょう。アンケートを作成する際のポイントは、次のとおりです。

■ 集計しやすい形式にする

回答の形式を、「Yes/No形式」や「点数記入形式」、「選択肢形式」などにしておくと、回収後に集計もしやすく、早急にアンケート結果を分析できます。また、このような形式は、回答者にとっても記入しやすく、アンケートの回収率の向上につながります。

■ 短時間で記入できるボリュームにする

聞き手は、プレゼンテーション終了後に、次の予定が入っていることもあります。できるだけアンケートに協力してもらえるように、全問を5分程度で記入できるボリュームにしましょう。また、回答に時間がかかる質問はできるだけ控えるようにします。

■ 簡潔な表現にする

質問の意図を理解できないようなアンケートは、記入したくなくなるものです。回答者にとってわかりやすい簡潔な文章を心掛けましょう。

■ 今後の参考になる質問を用意する

発表中にわかりにくかったことや気になることがなかったかどうか、意見や感想をもらい、改善事項として次のプレゼンテーションの参考にします。また、今後のビジネスの参考にするため、聞き手の新しいニーズを聞き出しておくとよいでしょう。

■ 回答してくれたことへの感謝を表す

アンケートは強制ではありません。アンケートの最後にお礼の言葉を入れておき、わざわざ時間を割いてアンケートを記入してもらったことに対して感謝の意を表します。

■ 個人情報の取り扱いを明記する

個人情報保護法により、個人情報を取得する際は、事前に利用目的を明示することが必要とされています。アンケート用紙に個人情報を記載してもらう場合には、商品やイベントの案内、アフターサービスなど、特定の目的以外に利用しないことを明記しておきましょう。

オンラインのアンケート

オンラインの場合、Web会議システムにアンケート機能がついているものがあります。プレゼンテーション終了時に聞き手の画面上にアンケートを表示して回答してもらうパターンが一般的です。

Web会議システムによっては、聞き手とアンケート結果が自動的に紐づけられるので、あとからアンケートを手動で集計する手間を省くことができます。

<例>
● 取引先や販売担当者に向けて、自社の新商品を発表するプレゼンテーションを実施した場合

新商品発表会についてのアンケート

ご出席日 : _____

貴社名　 : _____

お名前　 : _____

ご連絡先 : _____

※差しつかえのない範囲でご記入ください。ご記入いただいた個人情報は、今後お客様への①商品のご案内、②イベントのご案内、③アフターサービスなど、サービス向上のためにのみ利用させていただきます。是非ともご協力ください。

本日の発表会についてお聞かせください

《新商品について》

1. 商品の概要をご理解いただけましたか？

    1 十分理解できた　　**2** 大体理解できた　　**3** あまり理解できなかった　　**4** まったく理解できなかった

2. 商品の販売戦略をご理解いただけましたか？

    1 十分理解できた　　**2** 大体理解できた　　**3** あまり理解できなかった　　**4** まったく理解できなかった

《発表内容について》

1. 内容のボリュームはいかがでしたか？

    1 多過ぎる　　　　**2** 多い　　　　**3** ちょうどよい　　　**4** 少ない　　　　**5** 少な過ぎる

2. 進行速度はいかがでしたか？

    1 早過ぎる　　　　**2** 早い　　　　**3** ちょうどよい　　　**4** 遅い　　　　**5** 遅過ぎる

《その他》

1. 本日の発表会の満足度はいかがでしたか？

    1 とても満足　　　**2** 満足　　　　**3** 普通　　　　　**4** 不満

2. 今後、どのような商品の開発を希望されますか？

    1 サプリメント　　**2** ドリンクタイプ　　**3** クラッカータイプ　　**4** ゼリータイプ　　　**5** スープタイプ

3. 後日、当社営業担当者の訪問を希望されますか？

    1 希望する　　　　**2** 希望しない

※1を選択された場合は、お名前とご連絡先を必ずご記入ください。

《その他ご意見やご感想がございましたらご記入ください》

~~ご協力誠にありがとうございました~~

3 フォロー

プレゼンテーションが終了したら、後日、聞き手のフォローを忘れずに行います。質疑応答のときに即答できなかった質問や、アンケートに記入されていた質問などに対しては、迅速に対応します。誠意ある対応を見せることで、プレゼンテーションの場で回答できなかったというマイナス要素をプラス要素に変えることができます。

回収したアンケートは早急に集計し、集計結果からプレゼンテーションの内容に興味を持った人を洗い出し、個別にアプローチを開始します。興味を持った人の回答内容やその人が所属する会社などの情報から、最適なアプローチを検討し、あまり日を置かずに速やかに連絡を取りましょう。

また、オンラインでプレゼンテーションを実施した場合は、使用したプレゼンテーション資料を聞き手に送付します。その際、当日、質疑応答でできなかった質問があれば受け付ける旨を記載すると、聞き手も質問しやすくなり、今後のやり取りにつながります。

●アンケートの集計　　●日を置かずにアプローチ

プレゼンテーション資料

先日は…

達成

売上拡大

Case Study 本番のプレゼンテーションをはじめよう

実際のビジネスシーンを想定して、プレゼンテーションの進め方について考えてみましょう。

家電製品の製造および販売を行うFエレクトロニクス株式会社の商品企画部に所属する森田和樹さんは、キッチン家電の商品企画を担当しています。
販売店様向け新商品発表会で、蓄電機能付き炊飯器のプレゼンテーションを担当する森田さんは、先月から入念な準備を重ね、いよいよ本番を迎えました。

さて、森田さんはどのようなプレゼンテーションを実施したのでしょうか。

✕ この事例の悪いところは？

森田さんのプレゼンテーションの様子は、図のとおりです。
このプレゼンテーションの様子から、どのような点に問題があるのかを考えてみましょう。

◎ こうすれば良くなる！

森田さんは、リハーサルをくり返しただけあって、熱意と自信を持って発表しているようです。しかし、まだまだ準備不足な点があるようです。

プレゼンテーションの本番で、最後まで好印象を持たれるためには、どうしたらよいのかを確認しましょう。

❶ 聞き手の目線で快適な環境を用意する

会場を予約する際は、広さはもちろん、空調設備や照明設備などが十分に整備されているかどうか、事前に確認しましょう。この例のように、会場が寒かったり、逆に蒸し暑かったりすると、聞き手はプレゼンテーションに集中できなくなってしまいます。

❷ 最初に配布物を確認する

森田さんは、配布資料の説明を割愛してしまったようです。聞き手がプレゼンテーションの途中で配布資料の不足に気が付くと、発表を中断することにもなりかねません。発表を開始する前に、必ず配布物の説明を行い、漏れや間違いがないかどうかを確認しましょう。

❸ 質問されたことに的確に回答する

森田さんのように万全の準備で臨んでも、すぐに回答できない質問を受けることがあります。正確な回答がわからない場合は、曖昧な回答をせず、後日改めて回答することを約束しましょう。また、関連事項や補足事項など、その場で思いついたことがあっても、まずは質問されたことについてだけ回答するようにします。

❹ わかりやすいアンケートを作成する

せっかく用意したアンケートも、質問の意味が伝わらないようでは、的確な回答をもらえません。アンケートを作成する際は、短い時間で記入できるように、わかりやすく簡潔な表現を心掛けましょう。

■実践演習■

実践演習

学生向けの課題です。

次の条件で、自分の趣味の奥深さ・楽しさを伝えるプレゼンテーションを実施しましょう。

【条件】

① プレゼンテーションの聞き手は、クラスメート約30名と仮定する。

② プレゼンテーションの会場は、40名程度が入る一般的な教室と仮定する。

③ 各自のプレゼンテーションの持ち時間は、質疑応答を含めて10分とする。

④ PowerPointでスライドを作成し、パソコンとプロジェクターを使って投影しながら説明する。

⑤ プレゼンテーション資料は配布しない。

⑥ 趣味に使う道具などは、プレゼンテーションの会場に持ち込めないものとする。

⑦ クラスメートとはいえ入学したばかりであり、お互いのことはほとんど知らないと仮定する。名前と顔が一致しない人がほとんどである。

⑧ 自分の個性をアピールすることで、クラスメートに自分のことを覚えてもらうだけでなく、興味を持ってもらい、今後のコミュニケーションのきっかけを作ることを目的とする。

⑨ 事前にクラスメート全員を対象に行ったアンケート調査結果から、自分と共通の趣味を持つクラスメートはいないことがわかっている。

Let's Try 2 自分のセールスポイントを伝えよう

就職者・転職者向けの課題です。

次の条件で、自分のセールスポイントを伝えるプレゼンテーションを実施しましょう。

【条件】

❶ プレゼンテーションの聞き手は、就職を希望する会社の面接官2名と仮定し、1対2の少人数でプレゼンテーションを実施する。

❷ プレゼンテーションの会場は、6名程度が入る小さな応接室と仮定する。

❸ プレゼンテーションの持ち時間は、質疑応答を含めて10分とする。

❹ PowerPointで作成したプレゼンテーション資料を紙に出力し、配布資料を使ってプレゼンテーションを実施する。プレゼンテーション資料はカラーで印刷する。

❺ パソコンや外部ディスプレイなどの機器は持ち込めないものとする。

❻ 会社が必要としている人材は、「高い志を持ち、自由な発想とチームワークにより、成果に貢献できる人材」である。

❼ 自分のセールスポイントを説明することで面接官の期待感を高め、最終的に採用してもらうことを目的とする。

❽ 自分のセールスポイントを3つ以上挙げる。

❾ 事前に履歴書を提出していると仮定する。

Let's Try 3 環境への取り組みをアピールしよう

社員研修向けの課題です。

次の条件で、環境への取り組みを説明するプレゼンテーションを実施しましょう。

【条件】

① 自部門で環境保全のために何ができるか、具体的にどのような取り組みを行うかを検討し、社内全体会議でプレゼンテーションを実施する。

② プレゼンテーションの聞き手は、所属長と担当者約40名と仮定する。

③ プレゼンテーションの会場は、50名程度が入る会議室と仮定する。

④ プレゼンテーションの持ち時間は、質疑応答を含めて20分とする。

⑤ PowerPointでスライドを作成し、パソコンとプロジェクターを使って投影しながら説明する。

⑥ 当日は、プレゼンテーション資料を出席者に配布する。プレゼンテーション資料はモノクロで作成する。

⑦ 各部門における環境への取り組みを踏まえて、最終的に全社の環境方針を決定することを目的とする。

⑧ 聞き手は、環境分野の専門知識は持っていないものと仮定する。

■実践演習 アドバイス■

Advice 1 趣味の奥深さ・楽しさを伝えよう

> このプレゼンテーションの目的は、これから学生生活を共にする仲間とのコミュニケーション作りです。趣味そのものに関心を持ってもらえなくても、趣味を通じて発表者の個性や人柄に関心を持ってもらえるようなプレゼンテーションを実施することが大切です。

企画から実施までの各段階で、次のような点に気を付けましょう。

■ 価値観の違いを意識して内容を吟味する

この課題では、発表者と聞き手がどちらもクラスメートという同じ属性であるため、自分が知りたいと思うことが、そのまま聞き手のニーズになります。また、自分という人間を理解してもらうという発表者の目的と、相手のことを理解したいという聞き手の目的が最初から一致しているため、聞き手の分析にはそれほど多くの時間を必要としないでしょう。

しかし、クラスメートとはいえ、プレゼンテーションでは聞き手が主役であることに変わりはありません。この課題のように、自分と共通の趣味を持つクラスメートがいない場合は、特に注意が必要です。人によって価値観は異なるため、自分にとっては楽しい趣味でも、聞き手にとっては理解できない趣味かもしれません。したがって、聞き手の目線に立ち、どのように伝えると趣味の奥深さや楽しさを理解してもらえるかを考えながら、盛り込むべき内容を吟味します。クラスメートの数人に、自分の趣味についてどれくらい知っているか、興味があるかなどを事前にヒアリングしてみるとよいでしょう。

■ 制限時間内で無理のないストーリーを組み立てる

自分の趣味について語るとなると、思わず熱が入ってしまい、説明が長くなる傾向があります。時間配分を間違えると、質疑応答を含めて10分という短い持ち時間ではとても足りません。訴求ポイントを絞り込み、短時間でも展開に無理のないストーリーを組み立て、伝えたいことを簡潔に説明できるシナリオを作成しましょう。また、必ず自己リハーサルを行い、制限時間内にプレゼンテーションが終了できることを確認しておきます。

■ 趣味の世界がリアルに伝わる工夫をする

趣味には、その人の個性が表れます。趣味を知ったきっかけや自分ならではの趣味の楽しみ方、趣味を通して経験したことなどを、具体的なエピソードを盛り込みながら説明し、積極的に自分のアピールにつなげましょう。また、スポーツの場合はルールを簡単に説明する、モノ作りの場合は完成物の写真を見せるなど、趣味の奥深さや楽しさがリアルに伝わるように工夫するとよいでしょう。

■ 和やかな雰囲気を作り出す

お互いに顔と名前が一致しない状況であることを考慮し、プレゼンテーションの冒頭では、自分の名前をはっきりと伝え、簡単な挨拶から始めます。**「盆栽マニアの〇〇です」** といったように、冒頭でインパクトを与えるのも効果的です。本題に入ったあとも、時々ユーモアを交えながら、和やかな雰囲気の中でプレゼンテーションを進めるとよいでしょう。

1

2

3

4

5

6

実践演習

アドバイス

付録

索引

Advice 2 自分のセールスポイントを伝えよう

> このプレゼンテーションの目的は、「自分がどんな人間なのか」を理解してもらい、最終的に採用してもらうことです。面接では、他の人にはない自分独自の魅力をアピールし、それを今後の仕事にどのように活かしていく考えなのかを説明する必要があります。

企画から実施までの各段階で、次のような点に気を付けましょう。

■会社が必要とする人材に注力する

就職活動の場合は、聞き手について事前に情報収集することはできません。しかし、どんな属性であっても、面接官なら、自社にふさわしい人物かどうか、自社で能力を発揮できる人物かどうかを知りたがっているはずです。会社が重視していないような能力をアピールしても、聞き手の心を動かすことはできません。聞き手のニーズを満たすために、どのように自分をアピールすればよいかが重要になってきます。

就職活動では、聞き手の分析よりも、むしろ自分自身について分析を行う必要があります。この課題の場合は、自分の強みと、会社が必要としている**「高い志を持ち、自由な発想とチームワークにより、成果に貢献できる人材」**を結び付けて説明することが大切です。

就職を希望する会社について幅広く情報を収集し、そこから自分を売り込むためのポイントを見つけ出すことが、プレゼンテーション成功への近道となります。

■セールスポイントを上手にアピールする

自分をアピールする際には、表現力が問われます。自分にしか語れない言葉には説得力があるものです。自分という人物を客観的に見つめ、借り物の言葉ではなく、自分の言葉で説明します。自分の強みに注目してもらうために、自分らしさを端的に表現したキャッチコピーを作るとよいでしょう。

自己PRでアピールしたい点	キャッチコピーの例
ニーズを先読みする力	時代と心を見抜く営業マン
リスク管理能力	気配り&目配りの達人
創造性と企画力	歩くアイデアの泉
専門性と柔軟性	進化を続けるプロフェッショナル

■ 聞き手の視線を引きつける

この課題のように聞き手の人数が少なく、しかも聞き手との距離が近い場合は、相手の反応に合わせてプレゼンテーションを進めることができます。しかし一方で、紙の資料を使ったプレゼンテーションでは、聞き手の視線が手元の紙に集中してしまい、注意を喚起しにくい傾向があることを心に留めておきましょう。聞き手が勝手にページをめくってしまい、発表者が説明しているページとズレが生じてしまうこともあるでしょう。

聞き手に注目してもらい、短時間で自分を強く印象付けるためには、資料はできるだけ簡潔にまとめ、情報を詰め込み過ぎないようにします。また、メリハリのある話し方を心掛け、身振り手振りを交えて、聞き手の視線を自分に引きつけるとよいでしょう。

■ パーソナリティが与える影響を意識する

初対面の相手に好印象を持ってもらうためには、第一印象が重要です。就職活動では、見た目と違う意外性は必要ありません。一度悪い印象を持たれてしまうと、短時間でその印象を覆すことは困難です。したがって、服装や髪形、持ち物などの身だしなみに気を配ると共に、表情や姿勢、目の輝きなども意識し、聞き手によい印象を与えるように心掛けます。また、入退室時の挨拶や面接官への感謝の言葉も忘れないようにしましょう。

■ 想定質問と回答を準備しておく

質疑応答では、履歴書に記載されている内容について質問される可能性があります。面接官に聞かれそうな質問を想定し、事前に回答を準備しておくと、本番で困ったり、慌てたりせずに済みます。

環境への取り組みをアピールしよう

> このプレゼンテーションの目的は、各部門が考えた環境への取り組みを共有し、最終的に全社的な環境方針を決定することです。全社で一丸となって環境問題に取り組んでいくためには、互いの環境意識を高め合えるような工夫が必要です。

企画から実施までの各段階で、次のような点に気を付けましょう。

■ 自部門の業務内容を説明する

聞き手が他部門の業務内容に詳しいとは限りません。聞き手に、自部門で考えた環境への取り組みについて理解してもらうためには、その前提知識として、まず自部門の業務の流れや組織体制などを知ってもらう必要があります。プレゼンテーションの前半に自部門の紹介を盛り込むと、実際にどのような場面で、誰が、どのような取り組みを行うのかをイメージしやすくなります。

■ 説得材料となる情報を集める

この課題では、これから実施しようという取り組みに関して、想定される効果を説明しなければなりません。このような場合には、聞き手に納得してもらうために、すでに他社で成功している取り組みや自社で試算した数値など、説得材料となる情報を収集することが重要です。

■ 表やグラフなどを効果的に使う

自部門の環境への取り組みによる効果を説明する際には、表を使って取り組み前と取り組み後の変化を比較したり、グラフを使って数値を視覚的に表現したりといったように、聞き手の視覚に訴える適切な表現方法を活用します。

■ 平易な言葉で説明する

みんなで考えることが目的の会議です。聞き手は環境活動の専門家ではありません。環境分野の専門用語を使う場合には、聞き手が知らないという前提に立ち、平易な言葉で説明します。自部門の業務内容を説明する場合も同様です。自部門の担当者にしか通用しない用語を、わかりやすい言葉に置き換えましょう。

■付録■
チェックシートで
確認しよう

付録 チェックシートで確認しよう

項目	チェックポイント	できている
目的の明確化	プレゼンテーションの目的が明確になっているか	☑
聞き手の分析	聞き手が主役であることを意識しているか	☑
	聞き手の性別や年齢、職業、役職、地域性などの属性を把握しているか	☑
	プレゼンテーションの内容に関する聞き手の前提知識を把握しているか	☑
	プレゼンテーションの内容に対する聞き手の関心度を把握しているか	☑
	聞き手の中のキーパーソンが誰であるかを特定できているか	☑
情報の収集	聞き手のニーズを把握するために、インタビューやアンケート調査などを行い、必要な情報を収集したか	☑
	インタビューやアンケート調査を通じて、聞き手の顕在ニーズと潜在ニーズを聞き出せたか	☑
	主張しようとしている内容を裏付けるための説得材料として、インターネットや新聞、雑誌、インタビュー、売上データなどから適切な手段を選び、情報を収集したか	☑
	主観に基づいた個人的な意見などではなく、信頼性の高い情報を収集できたか	☑
情報の分析	収集した情報の中から、聞き手のニーズを見つけ出すことができたか	☑
	主張しようとしている内容が、聞き手のニーズに合致しているか、合致していない場合、プレゼンテーションに盛り込めるものと盛り込めないものを見極めたか	☑
	1回のプレゼンテーションで聞き手のニーズにすべて応えることができない場合、どのニーズに焦点をあてて提案を行うかを明確にしたか	☑
	収集した情報の中から、プレゼンテーションで聞き手に伝えるべき内容を吟味したか	☑
	プレゼンテーションに盛り込む情報について、どのような見せ方をすると効果的に伝えられるかを検討したか	☑

項目	チェックポイント	できている
主張の明確化	プレゼンテーションの目的を達成するまでの道筋をイメージできているか	☑
	目的の達成を妨げる要因がないかどうかを考え、あるとすれば問題点を明確にし、その解決策を検討したか	☑
	目的を達成するために必要な解決策について、関係者間で様々な意見やアイデアを出し合ったか	☑
	発表者と聞き手の双方にとって利益になる主張を見いだすことができたか	☑
	プレゼンテーションで伝えるべき内容について、訴求ポイントを明確にしたか	☑
	主張にブレや矛盾がなく、一貫性が保たれているか	☑
プレゼンテーションの構成	プレゼンテーションが、序論、本論、結論の3つで構成されているか	☑
	序論は、聞き手の関心を引き出し、プレゼンテーションへの期待感を高める内容になっているか	☑
	本論は、論理的にストーリーを展開しているか	☑
	結論は、プレゼンテーションの内容をまとめ、聞き手に具体的な検討や意思決定を促しているか	☑
	聞き手が頭の中を整理しやすいように、一定の流れを作っているか	☑
	事実と意見を明確に区別しているか	☑
	客観的な視点で、メリットとデメリットを提示しているか	☑
	聞き手が理解しやすいように、要点をコンパクトに整理しているか	☑
	流れの中で訴求ポイントを適度に露出させているか	☑
	発表時の効果的な時間配分をイメージしながら、ストーリーを組み立てているか	☑
	キーパーソンに訴えかける内容でプレゼンテーションを構成しているか	☑
設計シートの作成	プレゼンテーションの全体像を把握するための設計シートを作成したか	☑
	設計シートには、プレゼンテーションのタイトルや目的、訴求ポイント、構成、出席予定者、所要時間、実施方法、会場などの情報も記入しているか	☑
	作成した設計シートを利用して情報の過不足や検討の余地を発見し、プレゼンテーションの内容について見直したか	☑

1
2
3
4
5
6
実践演習
アドバイス
付録
索引

Check.3 訴求力の高い資料を作成しよう

項目	チェックポイント	できている
プレゼンテーション資料の大原則	表紙スライドは、インパクトのあるデザインになっているか	☑
	表紙スライドには、タイトルだけでなく、プレゼンテーションの実施日、会社名、所属、発表者の氏名なども明記しているか	☑
	すべてのスライドに簡潔でわかりやすい見出しを付けているか	☑
	全体を通して統一感のあるデザインになっているか	☑
	人間の視覚原理に従って、聞き手の視線が自然に流れるように各要素を配置しているか	☑
	プレゼンテーションの内容に合わせて、適切なフォントを使っているか	☑
	見出しと本文などの関係を考慮し、全体のバランスに注意しながら、適切なフォントサイズを選んでいるか	☑
	プレゼンテーションの内容に合った色を選んでいるか	☑
	文字色と背景色の組み合わせは適切か	☑
	1枚のスライドに情報を詰め込み過ぎず、適度な空白部分を作っているか	☑
箇条書きによる表現方法	ひとつの箇条書きにひとつの要点を述べているか	☑
	各項目はできるだけ1行以内で収めているか	☑
	冗長な修飾語や接続詞は削除しているか	☑
	文体は「である調」、または体言止めで統一しているか	☑
	句読点の扱いを統一しているか	☑
	重要な語句は括弧で囲むなどして強調しているか	☑
	必要に応じて、情報のまとまりごとに階層化したり、重要度や時系列の順番に並べ替えたりしているか	☑
	情報を大項目、中項目、小項目などに分類し、それぞれの項目内で内容をそろえて記述しているか	☑
	箇条書きの各項目の先頭に、内容に合わせて適切な行頭記号を付けているか	☑

項目	チェックポイント	できている
表による表現方法	説明すべきポイントを絞り込み、表の項目はできるだけ減らしているか	☑
	見出し行や明細行が見やすいように、文字の配置やフォントサイズ、背景色などを工夫しているか	☑
	項目同士の比較がしやすいように、文字の配置を工夫しているか	☑
	強調したいセルに、色を付けたり、フォントサイズを大きくしたりして工夫しているか	☑
グラフによる表現方法	主張したい内容に応じて、適切なグラフの種類を選んでいるか	☑
	グラフの内容を表現した簡潔なタイトルを付けているか	☑
	凡例や軸の名称の他、必要に応じて目盛線や補足説明などを入れているか	☑
画像による表現方法	本当に必要なイラストかどうかを考えて使っているか	☑
	イラストの持つイメージがプレゼンテーションの内容に合っているか	☑
	複数のイラストを使う場合は、全体を通してイラストのタッチを統一しているか	☑
	写真で伝えた方が、臨場感やリアリティが伝わる情報がないかを吟味したか	☑
図解による表現方法	文字だけでは伝えにくい内容は図解を作成し、直感的に理解してもらえるように工夫しているか	☑
	複数の項目間の関係を示すのに最適な図解パターンを選んでいるか	☑
	表現したい内容に合った適切なアレンジを加えて、よりわかりやすい図解を作成しているか	☑
	図形の配色を工夫したり、重要なポイントを強調したりしているか	☑
	影・立体・グラデーションなどの装飾で変化を付けるだけでなく、それらの装飾はすべてのスライドを通して統一しているか	☑
色による表現方法	プレゼンテーションの内容やターゲットに合わせて、適切な色を選んでいるか	☑
	1枚のスライドの中で使う色数が多過ぎないか	☑
	無彩色と有彩色のバランスを考慮しているか	☑
	アクセントになる色を使って、強調したいポイントを部分的に際立たせているか	☑
	複数の色を使う場合は、調和の取れた色づかいになっているか	☑
	すべてのスライドを通して色づかいに一貫性があるか	☑
アニメーションによる表現方法	アニメーションを多用していないか	☑
	プレゼンテーション内で使用するアニメーションの種類を絞っているか	☑

Check4 発表技術を磨こう

項目	チェックポイント	できている
シナリオの作成	聞き手に合った伝え方を考え、内容に漏れがないようにシナリオを作成したか	☑
	重要なポイントには印を付けたか	☑
伝えるための技術	プレゼンテーションの最初は、聞き手にとって効果的なアプローチになっているか	☑
	プレゼンテーションの最後は、自分の主張をもう一度繰り返しているか	☑
	予定どおりの時間で進行しなかったときのために、時間調整する方法を検討したか	☑
パーソナリティが与える影響	人前で自然な笑顔を作ることができるか	☑
	服装はビジネスにふさわしいものを選び、清潔感を与える身だしなみになっているか	☑
	美しい姿勢を保ち、堂々とした姿勢で話すことができるか	☑
聞き手を引きつける話し方	メリハリのある大きな声で、語尾まではっきり聞こえるように話しているか	☑
	説明の中に口癖が出ていないか	☑
	敬語を適切に使い分けているか	☑
	適切な声のトーンやスピードで話しているか	☑
	強調したい箇所や間の取り方が適切か	☑
	熱意と自信を持って、表現力豊かに話しているか	☑
聞き手の理解力と発表者の表現力	聞き手の前提知識に配慮し、専門用語の使い方に注意しているか	☑
	肯定的な表現を使い、できることを強調しているか	☑
効果的な視線の配り方	対面の場合、聞き手全員に語りかけるように視線を配っているか	☑
	オンラインの場合、視線がカメラに向かっているか	☑
リハーサル	自己リハーサルを行い、見直すべき点を修正したか	☑
	立ち会いリハーサルを行い、見直すべき点を修正したか	☑
	リハーサル時に出た質問を想定質問として、その回答を準備したか	☑

Check 5 説得力のあるプレゼンテーションを実施しよう

項目	チェックポイント	できている
配布資料の事前準備	必要に応じて、プレゼンテーション当日の配布資料を用意したか	☑
	出力した配布資料が、意図したとおりの色合いになっているか	☑
	聞き手がメモするスペースを考慮し、ページレイアウトを工夫したか	☑
	ページ数が多い場合は、各ページにページ番号を入れたか	☑
	誤字脱字や内容の間違いがないかを確認したか	☑
	必要に応じて、著作権の所在や出典元を明記したか	☑
	必要に応じて、会社案内や商品サンプルなどの配布物を用意したか	☑
実施環境の事前確認 （対面形式）	会場の広さだけでなく、机や椅子、空調設備、照明、電源の位置、配線、会場外の設備などを確認したか	☑
	会場までの所要時間や交通機関、最寄り駅からの道順などを正確に把握しているか	☑
	パソコンや外部ディスプレイなどのツールを使う場合は、会場にそれらの機器があるか、ない場合は持ち込みが可能かを確認したか	☑
	会場のパソコンを使う場合は、プレゼンテーション用のデータに対応するアプリケーションソフトがインストールされているかを確認したか	☑
	当日使用する機器の接続方法や操作方法を確実にマスターしたか	☑
実施環境の事前確認 （オンライン形式）	顔が画面の中心にあり、バストアップで映っているなど、カメラのセッティングが適切かを確認したか	☑
	背景に、聞き手に見せたくないものが映り込んでいないかを確認したか	☑
	顔が明るく映るように、照明のセッティングが適切かを確認したか	☑

項目	チェックポイント	できている
プレゼンテーションの実施	本題に入る前に挨拶や自己紹介をし、予定時間や注意事項についての説明、配布物の確認を行ったか	☑
	対面の場合は、余裕を持って会場に入り、その場の雰囲気に慣れるようにしたか	☑
	リラックスして本番に臨んだか	☑
	聞き手の表情をよく観察しながら話し、聞き手の反応に応じて適切に対処したか	☑
	質疑応答では、質問しやすい雰囲気を作るように工夫したか	☑
	聞き手からの質問は復唱し、質問の趣旨を確認したか	☑
	質問されたことに焦点をあてて的確な回答をしたか	☑
	その場で回答できないような質問は、後日回答することを約束したか	☑
	どんな質問にも好意的に対応したか	☑
	与えられた時間を最大限有効に使うように、時間配分に注意しながらプレゼンテーションを進めたか	☑
	聞き手にプレゼンテーションを聞いてくれたことへのお礼を述べたか	☑
	対面の場合は、最後の聞き手が会場を退出するまでは出口の近くに立って見送り、会場の後片付けなどは、すべての聞き手が退出してから行ったか	☑
	オンラインの場合は、聞き手が全員退出したことを確認してから、自分が退出したか	☑
	事前にアンケートを用意し、プレゼンテーションの終了後に、聞き手に記入してもらったか	☑
フォロー	プレゼンテーション終了後に反省会を行い、自分自身で振り返ると共に、同席していた同僚や上司に意見や感想を求め、スキルアップに努めているか	☑
	聞き手から回収したアンケートは早急に集計したか	☑
	アンケートの回答欄に質問があった聞き手に対してアプローチを行ったか	☑
	プレゼンテーションの当日に欠席した人に対し、必要に応じてプレゼンテーションの場を別途設けたり、配布資料を送付したりして、次のアプローチにつなげているか	☑

Index 索引

索引

よくわかる
改訂2版
自信がつくプレゼンテーション
オンラインでも引きつけて離さないテクニック
（FPT2107）

2021年9月30日　初版発行

著作／制作：株式会社富士通ラーニングメディア

発行者：青山　昌裕

発行所：FOM出版 (株式会社富士通ラーニングメディア)
　　　　〒144-8588 東京都大田区新蒲田 1-17-25
　　　　https://www.fom.fujitsu.com/goods/

印刷／製本：株式会社廣済堂

表紙デザインシステム：株式会社アイロン・ママ

📖 FOM出版のシリーズラインアップ

定番の よくわかる シリーズ

「よくわかる」シリーズは、長年の研修事業で培ったスキルをベースに、ポイントを押さえたテキスト構成になっています。すぐに役立つ内容を、丁寧に、わかりやすく解説しているシリーズです。

資格試験の よくわかるマスター シリーズ

「よくわかるマスター」シリーズは、IT資格試験の合格を目的とした試験対策用教材です。

■MOS試験対策

■情報処理技術者試験対策

ITパスポート試験　　基本情報技術者試験
